KB149143

우리약초꽃
408

신용욱·신전휘

도서출판 百卉

표 지 글 : 혜정 류영희
표지설명 : 동자꽃[剪夏羅]
　　　　　　 청송 보현산 2009. 8.

약초와 건강한 삶(長壽)

들판을 거닐거나 산을 오르다 보면 철 따라 피고 지는 풀꽃들의 은은한 향기와 아름다운 색깔에 매료되어 걸음을 멈추고 그 풀꽃들과 대화를 나눈다.

아름다운 꽃들의 이름을 알고 그들과 대화를 나누다 보면 더욱 사랑스럽고 마음의 평안함을 느끼곤 한다.

또한 이러한 풀꽃과 나무들의 열매가 우리의 귀중한 생명을 지켜주는 약초라는 사실을 알게 될 때 조물주의 오묘한 섭리에 새삼 옷깃을 여미지 않을 수 없다.

우리나라는 사계절이 뚜렷하여 주변에 다양한 식물들이 자랄 수 있는 좋은 여건이 된다. 우리 곁에 자라는 이 식물들의 성질을 알아서 잘 활용한다면 약이 되지 않는 풀이 없고 병에 도움이 되지 않는 나무가 없다.

이러한 약초들을 이용하여 질병을 다스렸던 선인들의 지혜에 새삼 탄복하게 된다.

이 책이 나오기까지 많은 정성과 시간을 들어 수고하신 경북P&P, 식물동정을 보아주신 이원정 산들꽃 사우회 전 회장님, 교정을 보아 주신 이정임, 신명화 선생님에게 감사를 드린다.

이 책을 통해 약초를 알게 되고, 이 약초들을 잘 이용하여 질병 치료에 도움이 되며 건강한 삶이 되었으면 하는 필자의 간절한 바람이다.

2010년 봄날에
대구약령시 내 百草堂에서 **신전휘 · 신용욱**

3

일러두기

❶

❷

❸
▶종 입
물 1.5ℓ에 하늘타리 씨 20g을 넣고 달인 물을 하루 중 여러 번 나누어 복용한다.

❹

025
❺ 🛡️**과루인 (瓜蔞仁)**
❻ **하늘타리**의 씨
❼ 맛은 달고 쓰며 성질은 차다.
폐기능을 도와 기침 해소에 쓴다. 변비에 쓰며 유즙분비 부족이 쓴다.
❽ 괄루인(括蔞仁)이라고도 한다.
味 甘 苦, 性 寒. 潤肺化痰, 滑腸, 潤燥

하늘타리 열매

❾

026
🛡️**과체 (瓜蔕)**
❿ **참외**의 덩익은 열매꼭지
맛은 쓰다. 성질은 차며 독이 있다. 황달형 간염과 콧병
(축농증, 비염 등)이 있을 때 입에 물을 머금고 고운 과체가루를 1~2g 정도 코속
에 붙어 넣으면 노란물이 나오고, 증세가 호전되는 경우가 있다.
⓫ 味 苦, 性 寒・有毒. 吐風痰, 宿食, 除水濕停飲

참외 열매

26

❶ 약초
❷ 약재
❸ 성인 하루 복용량
❹ 한약명 일렬번호
❺ 🛡️ 대한약전과 생규에 등재된 한약재
❻ 식물명

❼ 효능
❽ 한약명의 또 다른 이름
❾ 한약명
❿ 약재로 쓰는 부분[供藥部]
⓫ 기미(氣味)와 독이 있는 약초 표시

4

1. 이 책은 약초에 관심이 있는 독자들을 대상으로 우리 땅에서 자라는 408종의 약초를 한약명에 의하여 가나다 순으로 수록 하였다.

2. 약초 사진과 약재(藥材)의 사진을 같이 편집하여 약초와 약재를 한눈에 알기 쉽게 만들었다.

3. 용법은 1.5L 물에 약재(필요한 g은 해당 되는 쪽수에 기록)를 넣고 약한 불에 다려서 하루 중에 차(茶)로 마시듯 여러 번 나누어 복용하므로 질병예방에 목표를 두었다.

4. 약물은 사기오미(四氣五味)를 기록하였으며, 독성이 있는 약초는 유독(有毒)으로 표시하여 취급에 소홀함이 없도록 하였다.

5. ☘대한약전(KP=The Korean Pharmacopoeia Ninth Edition)과 대한약전외한약(생약) 규격집 [생규](KHP=The Korean Herbal Pharmacopoeia)에 등재된 한약재이다.

6. 이 책은 지난 2000년에 발간한 〈200가지 우리 약초 꽃〉과 그 이듬해에 발간한 〈(속)200가지 우리 약초 꽃〉의 미흡한 부분을 보완한 증보판이다.

차 례

차 례

7

차 례

차 례

차 례

차 례

차 례

차 례

▶용법
물 1.5L에 산마늘 비늘줄기
15g을 넣고 달인 물을 하루 중
여러 번 나누어 복용한다.

001
각총(茖葱)
산마늘의 비늘줄기

산마늘 전초

맛은 맵고 성질은 조금 따뜻하다.

중초(中焦)를 따뜻하게 하고 비·위장을 튼튼하게 하며 해독작용을 한다.

味 辛, 性 微溫. 溫中, 建胃, 解毒

▶용법
물 1.5L에 칡뿌리 10~15g을
넣고 달인 물을 하루 중 여러
번 나누어 복용한다.

칡 꽃

002
🛡갈근(葛根)
칡의 뿌리

맛은 달고 매우며 성질은 미지근하다.

감기로 열이 나고 목덜미가 뻣뻣할 때 쓰이며 갈증과 술독을 풀어주는 데 쓴다.

味 甘 辛, 性 平. 發表解肌, 解熱生津, 項背强急

▶용 법
물 1.5L에 감국 꽃 10~15g을
넣고 달인 물을 하루 중 여러
번 나누어 복용한다.

감국 꽃

003
🌰감국(甘菊)
감국의 꽃

맛은 쓰고 달며 성질은 조금 차다
머리가 아프고 어지러운 데와 눈이 충혈 되는 데 쓴다.
味 苦 甘, 性 微寒. 疏風淸熱, 平肝明目, 解毒

▶용 법
물 1.5L에 감수 덩이뿌리 1~2g
을 넣고 달인 물을 하루 중 여
러 번 나누어 복용한다.
♣독이 있으므로 용량에
주의하여야 한다.

감수 전초

004
🌰감수(甘遂)
감수의 덩이뿌리

맛은 쓰다. 성질은 차며 독이 있다.
얼굴과 몸이 붓고 복부에 물이 찼을 때 쓰며 대·소변을 잘 나오게 하는 데 쓴다.
味 苦. 性 寒·有毒. 瀉下逐水, 逐痰, 通二便

▶용법
물 1.5L에 강활 뿌리 10g을
넣고 달인 물을 하루 중 여러
번 나누어 복용한다.

강활 전초

005
강활(羌活)

강활의 뿌리

맛은 맵고 쓰며 성질은 따뜻하다.
감기로 인하여 열이 나며 몸이 쑤시고 머리가 아픈 데 쓴다.
味 辛 苦, 性 溫. 解表散寒, 祛風勝濕, 止痛

▶용법
물 1.5L에 생강 뿌리줄기
3~10g을 넣고 달인 물을 하루
중 여러 번 나누어 복용한다.

생강 전초

006
건강(乾薑)

생강의 뿌리줄기를 말린것

맛은 맵고 성질은 뜨겁다.
배가 차가워 소화가 잘 되지 않거나 구토, 설사 등에 쓴다.
味 辛, 性 熱. 溫中逐寒, 回陽通脈

▶용 법
물 1.5L에 옻나무 수액 2~5g을
넣고 달인 물을 하루 중 여러
번 나누어 복용한다.
♣접촉성 피부알러지 반응을
  일으키므로 복약에 주의하여
  야 한다.

007
건칠(乾漆)
옻나무의 수액(樹液)을 건조한 것

옻나무 새싹

맛은 맵고 쓰다. 성질은 따뜻하며 독이 조금 있다.
어혈로 인한 혈액순환장애와 생리불순, 생리통에 쓴다.
암 전이 억제작용이 있으며 구충제로 쓰기도 한다.
味 辛 苦. 性 溫 · 有小毒. 破血祛瘀, 通經, 殺蟲

▶용 법
물 1.5L에 가시연꽃 씨
10~20g을 넣고 달인 물을 하루
중 여러 번 나누어 복용한다.

008
검인(芡仁)
가시연꽃의 씨

가시연꽃

맛은 달고 성질은 미지근하다.
신장 기능을 도와 정액이 저절로 나오는 것을 막아주며 비위장이 약하여 설사
하는 데 쓴다.
味 甘, 性 平. 益腎固精, 補脾止瀉

17

▶용법
물 1.5L에 결명자 씨 6~15g을
넣고 달인 물을 하루 중 여러
번 나누어 복용한다.

결명자 꽃

009

결명자(決明子)

결명자의 씨

맛은 달고 쓰며 성질은 조금 차다.

눈이 충혈 되고 붓고 아프며 눈물이 쉽게 흐르는 데와 눈을 밝게 하는 데 쓴다.

또한 대장의 기능을 도와 변비에 쓴다.

味 甘 苦, 性 微寒. 淸肝明目, 潤腸通便

▶용법
물 1.5L에 어저귀 씨 8~12g을
넣고 달인 물을 하루 중 여러
번 나누어 복용한다.

어저귀 꽃

010

경마자(苘麻子)

어저귀의 씨

맛은 쓰고 성질은 미지근하다.

소변을 잘 못 보거나 임신 중 몸이 붓는 데 쓴다.

이질, 변비를 낫게 하고 종기, 유선염 등에 쓰기도 한다.

味 苦, 性 平. 解毒, 祛風, 明目, 利尿, 潤腸

▶용 법
물 1.5L에 꿩의비름 지상부
10~15g을 넣고 달인 물을 하루
중 여러 번 나누어 복용한다.

꿩의비름 꽃

011
🌱**경천**(景天)
꿩의비름의 지상부
맛은 쓰고 성질은 차다.
열이 많이 나는 것을 가라앉히고 각혈, 토혈 등에 쓴다.
味 苦, 性 寒. 淸熱, 解毒, 止血

▶용 법
물 1.5L에 맨드라미 화서
4~10g을 넣고 달인 물을 하루
중 여러 번 나누어 복용한다.

맨드라미 꽃

012
🌱**계관화**(鷄冠花)
맨드라미의 화서(花序)
맛은 달고 성질은 서늘하다.
지혈작용이 있어 대·소변출혈, 자궁출혈 및 부인의 대하증에 쓴다.
味 甘, 性 凉. 凉血, 止血, 淸熱利濕, 通淋

19

▶용법
물 1.5L에 계뇨등 잎, 줄기
10g을 넣고 달인 물을 하루 중
여러 번 나누어 복용한다.

계뇨등 꽃

013
계시등(鷄屎藤)
계뇨등의 잎, 줄기

맛은 달고 성질은 미지근하다.
황달형 간염과 생리불순에 쓴다.
味 甘, 性 平. 黃疸, 痢疾, 經閉, 祛風利濕, 活血止痛

▶용법
물 1.5L에 여주 씨 8~12g을
넣고 달인 물을 하루 중 여러
번 나누어 복용한다.

여주 꽃

014
고과(苦瓜)
여주의 씨

맛은 쓰고 성질은 차다.
열이 많아 가슴이 답답하고 갈증으로 물을 많이 마시는 당뇨 증상과 눈이 충혈
된 데 쓴다.
味 苦, 性 寒. 止渴, 明目, 解毒, 消腫, 主治中暑

▶용 법
물 1.5L에 멀구슬나무 껍질
5~10g을 넣고 달인 물을 하루
중 여러 번 나누어 복용한다.
♣독이 조금있으므로 용량에
   주의하여야 한다.

015
🌿 **고련피**(苦楝皮)
멀구슬나무의 껍질, 뿌리껍질

멀구슬나무 꽃

맛은 쓰고 성질은 차다. 독이 조금있다.
회충, 요충 등 구충제로 쓰이며 피부병에 외용하기도 한다.
味 苦, 性 寒·有小毒. 淸熱, 燥濕, 殺蟲, 療癬

▶용 법
물 1.5L에 소태나무 목질부
10~15g을 넣고 달인 물을 하루
중 여러 번 나누어 복용한다.

016
🌿 **고목**(苦木)
소태나무의 목질부

소태나무 열매

맛은 쓰고 성질은 차다.
식욕부진을 도우며 소화불량, 위염 등에 쓴다.
회충, 요충, 촌충 등의 구제에 쓴다.
味 苦, 性 寒. 淸熱燥濕, 解毒, 殺蟲, 食慾不振

고본 꽃

▶용법
물 1.5L에 고본 뿌리 10g을
넣고 달인 물을 하루 중 여러
번 나누어 복용한다.

017
고본(藁本)
고본의 뿌리

맛은 맵고 성질은 따뜻하다.
외감성으로 오는 두통과 기침 해소에 쓰이며 관절통에 쓴다.
味 辛, 性 溫. 發表散寒, 祛風勝濕 止痛.

고삼 꽃

▶용법
물 1.5L에 고삼 뿌리 10~20g을
넣고 달인 물을 하루 중 여러
번 나누어 복용한다.
환(丸)약을 만들어 복용하기도
한다.

018
고삼(苦參)
고삼의 뿌리

맛은 쓰고 성질은 차다.
위와 장을 튼튼하게 하며 위염, 장염, 이질설사에 쓴다.
피부가려움, 옴, 버즘 등 피부병에 달인 물로 세척하는 데 쓴다.
味 苦, 性 寒. 淸熱燥濕, 祛風, 殺蟲

22

▶용법
물 1.5L에 방가지똥 전초
10~20g을 넣고 달인 물을 하루
중 여러 번 나누어 복용한다.

019
고채(苦菜)
방가지똥의 전초

방가지똥 꽃

맛은 쓰고 성질은 차다.
이질, 구강점막에 생기는 염증 등과 해독, 해열에 쓴다.
젖이 잘 나오게 하는 데 쓴다.
味 苦, 性 寒. 淸熱凉血, 解毒, 行氣通乳

020
고초(苦椒)
고추의 열매

고추 열매

맛은 맵고 성질은 따뜻하다.
피부가 찬곳에 노출되어 갈라진 데 찧어 붙인다.
다리가 부었을 때 고초 달인 물로 씻으면 효과를 볼 수 있다.
味 辛, 性 溫. 手瘡, 脚氣, 狗咬傷

23

▶용법
물 1.5L에 박 열매 20~30g을
넣고 달인 물을 하루 중 여러
번 나누어 복용한다.

021
고호로(苦壺盧)
박의 열매

맛은 쓰고 성질은 차다.
소변을 잘 못보고 전신이 붓는 증상에 쓴다.
味 苦, 性 寒. 利水消腫, 解毒, 排膿

박 열매

▶용법
물 1.5L에 겨우살이 가지, 잎
15~25g을 넣고 달인 물을 하루
중 여러 번 나누어 복용한다.

022
곡기생(槲寄生)
겨우살이의 가지, 잎

맛은 쓰고 성질은 미지근하다.
간과 신장 기능이 약하여 허리와 무릎이 아프거나 약한 데 쓴다.
뼈와 근육을 튼튼하게 하는 작용이 있다.
味 苦, 性 平. 補肝腎, 除風濕, 强筋骨

겨우살이 꽃

▶용법
물 1.5L에 벼 싹 10~15g을
넣고 달인 물을 하루 중 여러
번 나누어 복용한다.

벼 씨

023
🕉곡아(穀芽)
벼의 싹

맛은 달고 성질은 따뜻하다.
위장기능을 튼튼히 하여 소화불량과 배가 더부룩하고 설사 나는 데 쓴다.
味 甘, 性 溫. 健脾開胃, 和中消食

▶용법
물 1.5L에 골담초 뿌리 20g을
넣고 달인 물을 하루 중 여러
번 나누어 복용한다.

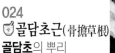

골담초 꽃

024
🕉골담초근(骨擔草根)
골담초의 뿌리

맛은 쓰고 매우며 성질은 미지근하다.
관절염, 타박상, 통풍, 신경통 등에 쓴다.
味 苦 辛, 性 平. 淸肺益脾, 活血通脈

▶용법
물 1.5L에 하눌타리 씨 20g을
넣고 달인 물을 하루 중 여러
번 나누어 복용한다.

025
🌱 **과루인**(瓜蔞仁)
하눌타리의 씨

하눌타리 열매

맛은 달고 쓰며 성질은 차다.
폐기능을 도와 기침 해소에 쓴다. 변비에 쓰며 유즙분비 부족이 쓴다.
괄루인(栝樓仁)이라고도 한다.
味 甘 苦, 性 寒. 潤肺化痰, 滑腸, 潤燥

026
🌱 **과체**(瓜蒂)
참외의 열매꼭지

참외 열매

맛은 쓰다. 성질은 차며 독이 있다. 황달형 간염과 콧병
(축농증, 비염 등)이 있을 때 입에 물을 머금고 고운 과체가루를 1~2g 정도 코
속에 불어 넣으면 노란물이 나오고, 증세가 호전되는 경우가 있다.
味 苦. 性 寒 · 有毒. 吐風痰, 宿食, 除水濕停飮

26

▶용법
물 1.5L에 배초향 지상부
20g을 넣고 달인 물을 하루 중
여러 번 나누어 복용한다.

배초향 꽃

027
곽향(藿香)
배초향의 지상부
맛은 맵고 성질은 조금 따뜻하다.
소화 장애로 인하여 가슴이 답답하고 메스꺼우며 토하거나 설사가 나는 데 쓴다.
味 辛, 性 微溫. 化濕, 解表, 祛署, 和中

▶용법
물 1.5L에 관동 꽃봉오리
10~20g을 넣고 달인 물을 하루
중 여러 번 나누어 복용한다.

관동 전초

028
관동화(款冬花)
관동의 꽃봉오리
맛은 맵고 성질은 따뜻하다.
기침이 나고 가래에 피가 섞여 나오는 데 쓴다.
폐결핵, 폐농양 등에 쓴다.
味 辛, 性 溫. 潤肺止氣, 止咳化痰

▶용법
물 1.5L에 등칡 줄기 2~5g을
넣고 달인 물을 하루 중 여러
번 나누어 복용한다.
♣독이 있으므로 용량에
  주의하여야 한다.

등칡 꽃

029
관목통(關木通)
등칡의 줄기

맛은 쓰다. 성질은 차며 독이 있다.

온몸이 붓고 소변이 잘 나오지 않을 때와 방광염 등에 쓴다. 입과 혀에 생긴 염증에 쓴다.(복약 시 급성신부전증 및 신장염을 유발할 수 있음)

味 苦. 性 寒·有毒. 淸熱利水, 降火

▶용법
물 1.5L에 관중 뿌리줄기
15g을 넣고 달인 물을 하루 중
여러 번 나누어 복용한다.

관중 전초

030
관중(貫衆)
관중의 뿌리줄기

맛은 쓰고 성질은 조금 차다.

장출혈, 코피, 토혈 등의 지혈제로 쓴다.

장내(腸內) 기생충을 구제에 쓴다.

味 苦, 性 微寒. 殺蟲, 淸熱解毒, 止血

▶**용법**
물 1.5ℓ에 산자고 덩이뿌리
4~8g을 넣고 달인 물을 하루
중 여러 번 나누어 복용한다.
♣독이 있으므로 용량에
　주의하여야 한다.

031
광자고(光慈姑)
산자고의 덩이뿌리

산자고 꽃망울

맛은 달다.　성질은 차며 독이 있다.
항통풍작용이 있어 급성통풍성 관절염에 쓴다.
인후염, 인후통과 결핵성 임파선염에 쓴다.

味 甘.　性 寒·有毒.　治瘰癧, 結核, 消腫, 解百毒

▶**용법**
물 1.5ℓ에 회화나무 꽃봉오리
15g을 넣고 달인 물을 하루 중
여러번 나누어 복용한다.

032
괴화(槐花)
회화나무의 꽃봉오리

회화나무 꽃

맛은 쓰고 성질은 조금 차다.
각종 출혈(대변, 치질, 소변, 각혈, 토혈, 자궁 출혈)에 쓴다.
혈관벽을 튼튼하게 하여 뇌졸중 예방에 쓴다.

味 苦, 性 微寒.　凉血, 止血, 淸肝瀉火

▶용법
물 1.5L에 메밀 씨 20g을 넣고
달인 물을 하루 중 여러 번
나누어 복용한다.

메밀 꽃

033
교맥(蕎麥)
메밀의 씨

맛은 달고 성질은 서늘하다.
위와 장의 염증을 제거하고 만성 설사 및 이질에 쓴다.
피부에 화상을 입었을 때 교맥 가루를 개어 환부에 붙이기도 한다.
味 甘, 性 涼. 開胃寬腸, 下氣消積

▶용법
물 1.5L에 구기자나무 열매
10~20g을 넣고 달인 물을 하루
중 여러 번 나누어 복용한다.

구기자나무 열매

034
구기자(枸杞子)
구기자나무의 열매

맛은 달고 성질은 미지근하다.
신장기능을 도와 허리와 무릎에 힘이 없고 추위나 더위를 이기지 못하는 데 쓴다.
골수를 도우며 눈을 밝게 한다.
味 甘, 性 平. 滋腎補肝, 明目, 潤肺, 精血虛虧

▶용 법
물 1.5L에 패랭이꽃 지상부
5~15g을 넣고 달인 물을 하루
중 여러 번 나누어 복용한다.

패랭이꽃

035
👅**구맥**(瞿麥)
패랭이꽃의 지상부
맛은 쓰고 성질은 차다.
소변 양이 적고 잘 나오지 않는 증상과 방광염, 요도염, 급성 신우신염 등에 쓴다.
味 苦, 性 寒. 利水通淋, 活血通經

▶용 법
물 1.5L에 강아지풀 전초
10~20g을 넣고 달인 물을 하루
중 여러 번 나누어 복용한다.

강아지풀 꽃

036
구미초(狗尾草)
강아지풀의 전초
맛은 담백하고 성질은 서늘하다.
열독을 제거하며 종기, 악창, 옴, 버짐 등과 눈이 충혈 된 데 쓴다.
味 淡, 性 涼. 解熱, 袪濕, 消腫, 治目疾

♣민가에서는 부자(附子)로 오용하는 경우가 많으며 주의해야 한다.

곤약 전초

037
구약(蒟蒻)
곤약의 덩이뿌리

맛은 맵다. 성질은 차며 독이 있다.
종기를 가라앉히고 뱀에 물린 데 구약을 짓찧어 붙인다.

味 辛. 性 寒 · 有毒. 解毒, 消腫

▶용법
물 1.5L에 부추 씨 15g을 넣고 달인 물을 하루 중 여러 번 나누어 복용한다.

부추 꽃

038
구자(韭子)
부추의 씨

맛은 맵고 달며 성질은 따뜻하다.
간과 신장의 기능이 허약하여 무릎과 허리가 찬 증상에 쓴다.
발기부전 및 부인의 자궁에서 분비물이 나오는 증상 등에 쓴다.

味 辛 甘, 性 溫. 補肝腎, 壯陽固精, 小便頻數

▶용법
물 1.5L에 구절초 전초 20g을
넣고 달인 물을 하루 중 여러
번 나누어 복용한다.

구절초 꽃

039
🌱**구절초**(九折草)
구절초의 전초

맛은 쓰고 성질은 따뜻하다.
부인의 자궁이 허약하고 차서 나타나는 생리불순, 생리통, 불임증 등에 쓴다.
味 苦, 性 溫. 子宮虛冷, 調經

▶용법
물 1.5L에 치커리 전초
10~20g을 넣고 달인 물을 하루
중 여러 번 나누어 복용한다.

치커리 꽃

040
국거(菊苣)
치커리의 전초

맛은 쓰고 달며 성질은 서늘하다.
소화기능을 도우며 황달형 간염에 쓴다.
味 甘 苦, 性 凉. 淸肝利膽, 治黃疸型肝炎

▶용법
물 1.5L에 뚱단지 덩이뿌리
10~20g을 넣고 달인 물을 하루
중 여러 번 나누어 복용한다.

041
국우(菊芋)
뚱단지의 덩이뿌리

뚱단지 꽃

맛은 달고 쓰며 성질은 서늘하다.
해열작용과 지혈작용을 하며 식이섬유가 많아 당뇨와 변비에도 쓴다.
味 甘 苦, 性 涼. 淸熱涼血

▶용법
물 1.5L에 부처손 전초
5~10g을 넣고 달인 물을 하루
중 여러 번 나누어 복용한다.

042
권백(卷柏)
부처손의 전초

부처손 전초

맛은 맵고 성질은 미지근하다.
지혈작용이 있어 각종출혈(토혈, 코피, 장출혈, 치질출혈, 자궁출혈)에 쓴다.
혈액순환을 잘 되게 하며 생리통, 생리불순과 타박상으로 인해 피가 뭉친 데 쓴다.
味 辛, 性 平. 止血, 活血, 通經

34

▶용 법
물 1.5L에 범꼬리 뿌리줄기 10g을 넣고 달인 물을 하루중 여러번 나누어 복용한다.

범꼬리 전초

043
권삼(拳參)
범꼬리의 뿌리줄기

맛은 쓰고 성질은 서늘하다.
습한 열 기운으로 인해 나타나는 이질(痢疾) 및 대변출혈, 열로 인한 코피, 외상 출혈 등에 쓰며 이뇨작용이 있다.
味 苦, 性 凉. 淸熱解毒, 鎭痙, 利濕消腫

▶용 법
물 1.5L에 고사리 어린순 9~15g을 넣고 달인 물을 하루 중 여러 번 나누어 복용한다.

고사리 새싹

044
궐채(蕨菜)
고사리의 어린순

맛은 달고 성질은 차다.
위와 장에 있는 열독을 풀어주며 가벼운 이뇨작용이 있다.
味 甘, 性 寒. 淸熱, 潤腸, 降氣, 化痰, 利水道

▶용 법
물 1.5L에 화살나무 코르크
10g을 넣고 달인 물을 하루
중 여러 번 나누어 복용한다.

화살나무 열매

045
🍵**귀전우**(鬼箭羽)
화살나무의 코르크
맛은 쓰고 성질은 차다.
타박상, 생리불순, 산후어혈, 복통 등에 쓴다.
혈당조절작용이 있어 당뇨병에 쓴다.
味 苦, 性 寒. 破血通經, 風毒, 腫痛, 解毒

▶용 법
물 1.5L에 인동덩굴 꽃봉오리
10~15g을 넣고 달인 물을 하루
중 여러 번 나누어 복용한다.

046
🍵**금은화**(金銀花)
인동덩굴의 꽃봉오리
맛은 달고 성질은 차다.
종기를 가라앉히고 피부가 헐어 독이 퍼졌을 때와 장기의 염증(맹장염, 복막염, 자궁내막염)에 쓴다. 피부 가려움증, 근육통에 쓴다.
味 甘, 性 寒. 淸熱解毒, 消炎排膿

인동덩굴 꽃

▶용법
봉선화 씨를 가루를 만들어 1
회 1g 아침 저녁 복용한다.
♣독이 조금있으므로 용량에
   주의해야 한다.

047
🌿급성자(急性子)
봉선화의 씨

봉선화 꽃

맛은 맵고 쓰다. 성질은 따뜻하며 독이 조금 있다.
타박상으로 인해 피가 뭉친 것을 풀어 주며 목 안에 생선가시가 걸린 것을
제거하는 데 쓴다.

味 辛 苦. 性 溫 · 有小毒. 祛風活血, 消腫止痛

▶용법
물 1.5L에 도라지 뿌리
10~20g을 넣고 달인 물을 하루
중 여러 번 나누어 복용한다.

도라지 꽃

048
🌿길경(桔梗)
도라지의 뿌리

맛은 쓰고 맵다. 성질은 미지근하다.
감기로 인한 기침, 가래, 코 막힘, 머리 아픈 데 쓴다.
후두염, 인후염, 편도선염에 감초와 함께 쓴다.

味 苦 辛, 性 平. 宣肺祛痰, 利咽, 排膿, 咳嗽

▶용법
물 1.5L에 박주가리 씨
12~20g을 넣고 달인 물을 하루
중 여러 번 나누어 복용한다.

049
나마자(蘿藦子)
박주가리의 씨

맛은 달고 매우며 성질은 따뜻하다.

박주가리 꽃

신체허약으로 인한 발기부전과 젖이 부족할 때 쓴다.

味 甘 辛, 性 溫. 補益精氣, 通乳解毒

▶용법
물 1.5L에 무 씨 10~15g을
넣고 달인 물을 하루 중 여러
번 나누어 복용한다.

050
내복자(萊菔子)
무의 씨

무 꽃

맛은 맵고 달며 성질은 미지근하다.

음식을 잘 소화시키므로 소화 장애를 겸한 해수, 천식에 쓴다.

味 辛 甘, 性 平. 消食除脹, 降氣化痰

▶용 법
물 1.5L에 노루오줌 지상부
9~15g을 넣고 달인 물을 하루
중 여러 번 나누어 복용한다.

051
낙신부(落薪婦)
노루오줌의 지상부

맛은 쓰고 성질은 서늘하다.

감기로 인한 발열, 두통 및 목덜미가 뻣뻣하고 아픈 데 쓴다.

시중에 삼지구엽초(淫羊藿)로 오용하는 경우가 있다.

味 苦, 性 涼. 祛風, 清熱, 止咳

노루오줌 꽃

▶용 법
물 1.5L에 호박 씨 20~30g을
넣고 달인 물을 하루 중 여러
번 나누어 복용한다.

052
남과자(南瓜子)
호박의 씨

맛은 달고 성질은 미지근하다.

산후에 손발이 붓는 증상과 당뇨에 볶아서 쓴다.

전립선 비대, 요실금에 쓰인다.

味 甘, 性 平. 殺蟲, 治産後手足浮腫, 糖尿病

호박 꽃

▶용법
물 1.5L에 노박덩굴 덩굴줄기
10~20g을 넣고 달인 물을 하루
중 여러 번 나누어 복용한다.

노박덩굴 열매

053
남사등(南蛇藤)
노박덩굴의 덩굴줄기

맛은 맵고 성질은 따뜻하다.

풍습(風濕)을 제거하고 혈액순환을 잘시켜 근육통, 사지마비에 쓴다.

味 辛, 性 溫. 散血通經, 祛風濕, 强筋骨

▶용법
물 1.5L에 남천 열매 10g을
넣고 달인 물을 하루 중 여러
번 나누어 복용한다.

남천 꽃

054
남천죽자(南天竹子)
남천의 열매

맛은 달고 시며 성질은 미지근하다.

오래된 해수, 천식, 백일해, 감기 등에 쓴다.

눈을 밝게 하는 데 쓴다.

味 甘 酸, 性 平. 斂肺止解, 淸肝明目

40

▶용법
물 1.5L에 낭독 뿌리 2g을
넣고 달인 물을 하루 중 여러
번 나누어 복용한다.
♣독이 있으므로 용량에
　주의하여야 한다.

055
낭독(狼毒)
낭독의 뿌리

맛은 쓰고 맵다. 성질은 미지근하고 독이 있다.

몸이 부은 것을 가라앉히고 기관지염, 천식 등에 쓴다. 피부병(마른버짐, 건성소양증)에 낭독 달인 물로 씻으면 효과를 볼 수 있다.

味 苦 辛. 性 平 · 有毒. 逐水祛痰, 破積殺蟲

낭독 꽃

▶용법
물 1.5L에 수크령 지상부
15~20g을 넣고 달인 물을 하루
중 여러 번 나누어 복용한다.

056
낭미초(狼尾草)
수크령의 지상부

맛은 시고 쓰며 성질은 미지근하다.

눈을 맑게 하며 눈이 충혈 되거나 아픈 데 쓴다.

혈액순환을 잘 시켜 어혈통, 생리통, 생리불순에 쓴다.

味 酸 苦, 性 平. 調經, 散瘀, 淸熱消腫

수크령 꽃

미치광이풀 꽃

▶용법
물 1.5L에 미치광이풀 뿌리 1g을 넣고 달인 물을 하루 중 여러 번 나누어 복용한다.
♣독이 있으므로 용량에 주의하여야 한다.

057
낭탕근(莨菪根)
미치광이풀의 뿌리

맛은 쓰고 맵다. 성질은 차며 독이 있다.
근육 경련에 소량 복용한다. 독성이 강하여 과량 복용하면 미친 것 같은 행동을 하므로 미치광이풀이라고 한다.
味 苦 辛. 性 寒 · 有毒. 鎭痙, 鎭痛, 斂汗澁腸

사리풀 꽃

▶용법
물 1.5L에 사리풀 씨 1~2g을 넣고 달인 물을 하루 중 여러 번 나누어 복용한다.
♣독이 있으므로 용량에 주의하여야 한다.

058
낭탕자(莨菪子)
사리풀의 씨

맛은 맵다. 성질은 따뜻하며 독이 있다.
근육을 이완시키며 위경련, 삼차신경통, 치통 등에 쓴다.
천선자(天仙子)라고도 한다.
味 辛. 性 溫 · 有毒. 癲狂, 風癎, 風痺瘀痛, 齒痛

▶용법
물 1.5L에 냉초 뿌리
10~20g을 넣고 달인 물을 하루
중 여러 번 나누어 복용한다.

059
냉초(冷草)
냉초의 뿌리
맛은 쓰고 성질은 차다.

냉초 꽃

감기로 인한 인후염, 결막염 등과 관절이 쑤시고 아픈 데 쓴다.
味 苦, 性 寒. 感氣, 淸熱解毒, 風濕性筋肉痛

▶용법
물 1.5L에 갈대 뿌리줄기
15~30g을 넣고 달인 물을 하루
중 여러 번 나누어 복용한다.

060
노근(蘆根)
갈대의 뿌리줄기
맛은 달고 성질은 차다.

갈대 꽃

열병으로 가슴이 답답하며 진액이 말라서 갈증이 나고 입안이 타는 등의 열성
질환에 쓴다.
味 甘, 性 寒. 淸熱生津, 止嘔除煩

▶용법
알로에의 즙액을 응고
시킨것을 하루중 2~3g을
가루로 복용한다.

061

🗂노회(蘆薈)

알로에의 즙액을 응고시킨 것

맛은 쓰고 성질은 차다.

열이 한 곳에 몰려 일어나는 변비와 상처 치유작용으로 각종 상처와 화상에 외용한다. 소아의 장내 기생충 제거에 쓴다.

味 苦, 性 寒. 瀉下, 淸肝火, 殺蟲

알로에 전초

▶용법
물 1.5L에 녹두 씨 20~40g을
넣고 달인 물을 하루 중 여러
번 나누어 복용한다.
가루나 즙을 내어 복용하기도
한다.

062

🗂녹두(綠豆)

녹두의 씨

맛은 달고 성질은 미지근하다.

여름에 가슴이 답답하고 열이 나며 갈증이 나는 데 쓴다.

부자(附子), 초오(草烏), 파두(巴豆)의 독을 풀어 주며 이뇨작용이 있다.

味 甘, 性 平. 淸熱, 解毒, 消署, 利水

녹두 씨

▶용법
물 1.5L에 노루발풀 전초
15g을 넣고 달인 물을 하루
중 여러 번 나누어 복용한다.

063
🌿녹제초(鹿蹄草)
노루발풀의 전초

노루발풀 꽃

맛은 달고 쓰며 성질은 따뜻하다.
사지마비동통, 근육과 골격의 연약한 것, 요통 등에 쓴다.
코피, 토혈, 자궁 출혈 등에 쓴다.
味 甘 苦, 性 溫. 健筋骨, 補肺腎, 止血, 祛風除濕

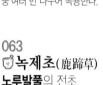

▶용법
물 1.5L에 매발톱꽃 지상부
10~20g을 넣고 달인 물을 하루
중 여러 번 나누어 복용한다.

064
누두채(漏斗菜)
매발톱꽃의 지상부

매발톱꽃

맛은 조금 쓰고 매우며 성질은 서늘하다.
혈액순환을 촉진시켜 부인의 생리통, 생리불순에 쓴다.
味 微苦 辛, 性 涼. 通經活血, 治月經不調

▶용법
물 1.5L에 절굿대 뿌리
5~10g을 넣고 달인 물을 하루
중 여러번 나누어 복용한다.

065
🏵누로(漏蘆)
절굿대의 뿌리

맛은 쓰고 성질은 차다.
유즙분비작용이 있어 젖이 잘 나오게 하는 데 쓴다.
지혈작용이 있어 토혈, 코피, 장출혈, 소변출혈 등에 쓴다.
味 苦, 性 寒. 淸熱解毒, 通下乳

절굿대 전초

▶용법
물 1.5L에 능소화 꽃 15g을
넣고 달인 물을 하루 중 여러
번 나누어 복용한다.

066
🏵능소화(凌霄花)
능소화의 꽃

능소화 꽃

맛은 맵고 성질은 조금 차다.
피가 몰려서 나타나는 생리불순과 산후 유방염에 쓴다.
味 辛, 性 微寒. 活血破瘀, 凉血袪風.

▶용법
물 1.5L에 마름 씨 20g을 넣고
달인 물을 하루 중 여러 번
나누어 복용한다.

마름 전초

067
능실(菱實)
마름의 씨

맛은 달고 성질은 서늘하다.
여름 더위를 잊게 하고 갈증을 풀어 준다.
민가에서는 암세포 억제작용이 있어 식품으로 이용하고 있다.
味 甘, 性 涼. 淸署解熱, 除煩止渴, 益氣補中

▶용법
물 1.5L에 차나무 잎 10g을
넣고 달인 물을 하루 중 여러
번 나누어 복용한다.

차나무 꽃

068
다엽(茶葉)
차나무의 잎

맛은 쓰고 달며 성질은 서늘하다.
두통을 낮게 하고 정신이 혼미한 것을 다스리며 가슴이 답답하고 열이 나는 데
쓴다. 소화력을 높이고 간 기능을 활성화 시키며 이뇨 및 해독작용이 있다.
味 苦 甘, 性 涼. 淸頭目, 化痰, 消食, 利尿解毒

▶용법
물 1.5L에 조릿대풀 지상부
8~10g을 넣고 달인 물을 하루
중 여러 번 나누어 복용한다.

조릿대풀 전초

069
담죽엽(淡竹葉)
조릿대풀의 지상부

맛은 달고 성질은 차다.

가슴이 답답하고 번열(煩熱)을 없애고 소변을 잘 나오게 하며 우울증에 쓴다.

味 甘, 性 寒. 心煩口渴, 口舌生瘡, 小便赤澁

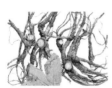

▶용법
물 1.5L에 참당귀 뿌리
10~15g을 넣고 달인 물을 하루
중 여러 번 나누어 복용한다.

참당귀 꽃

070
당귀(當歸)
참당귀의 뿌리

맛은 달고 매우며 성질은 따뜻하다.

피가 부족하여서 오는 두통, 안면창백, 어지러움, 가슴이 두근거리는 증상에 쓴다.

생리조절작용이 있어 생리통, 생리불순, 산후 질환에 쓴다.

味 甘 辛, 性 溫. 補血, 活血止痛, 潤腸

▶용법
물 1.5L에 쓴풀 전초 10g을
넣고 달인 물을 하루 중 여러
번 나누어 복용한다.

쓴풀 꽃

071
당약(當藥)
쓴풀의 전초
맛은 쓰고 성질은 차다.
위장을 튼튼하게 하며 골수염, 인후염, 편도선염 등에 쓴다.
味 苦, 性 寒. 淸熱解毒, 健胃

▶용법
물 1.5L에 엉겅퀴 전초
10~15g을 넣고 달인 물을 하루
중 여러 번 나누어 복용한다.

엉겅퀴 꽃

072
대계(大薊)
엉겅퀴의 전초
맛은 달고 쓰며 성질은 서늘하다.
지혈약으로써 토혈, 코피, 자궁출혈, 장출혈 등에 쓴다.
출혈성 질환에 대계 전초를 즙을 내어 복용하기도 한다.
味 甘 苦, 性 涼. 涼血止血, 散瘀消腫

49

▶용법
물 1.5L에 대극 뿌리 2~3g을 넣고 달인 물을 하루 중 여러 번 나누어 복용한다.
♣독이 있으므로 용량에 주의하여야 한다.

대극 꽃

073
🌿대극(大戟)

대극의 뿌리

맛은 쓰다. 성질은 차고 독이 있다.
전신이 부은 것과 복부수종 및 흉협부의 수분정체에 쓴다.
味 苦. 性 寒 · 有毒. 瀉下逐水, 消腫散結

▶용법
물 1.5L에 마늘 비늘줄기 4~15g을 넣고 달인 물을 하루 중 여러 번 나누어 복용한다.

마늘 전초

074
🌿대산(大蒜)

마늘의 비늘줄기

맛은 맵고 성질은 따뜻하다.
비 · 위장이 차서 통증이 자주 있는 것과 이질, 설사 등에 쓴다.
항균, 항암작용이 강하다.
味 辛, 性 溫. 消腫, 解毒, 殺蟲

▶용법
물 1.5L에 대추나무 열매
9~15g을 넣고 달인 물을 하루
중 여러 번 나누어 복용한다.

대추나무 열매

075
🌰대조(大棗)
대추나무의 열매

맛은 달고 성질은 따뜻하다.
기운을 나게 하며 정신을 안정시켜주므로 신경과민, 불면증에 쓴다.
味 甘, 性 溫. 補中益氣, 養血安神, 緩和

▶용법
물 1.5L에 작두콩 씨
10~20g을 넣고 달인 물을 하루
중 여러 번 나누어 복용한다.

작두콩 열매

076
도두(刀豆)
작두콩의 씨

맛은 쓰고 성질은 따뜻하다.
신체가 허약하고 몸이 차서 일어나는 딸꾹질, 구토, 복부창만, 이질 등에 쓰고
신장의 기능이 약하여 오는 요통에 쓴다.
味 苦, 性 溫. 溫中下氣 溫腎補元, 腎虛腰痛, 止呃逆

▶용 법
물 1.5L에 복숭아나무 열매속
씨 5~10g을 넣고 달인 물을
하루 중 여러 번 나누어
복용한다.

복숭아나무 열매

077
도인(桃仁)
복숭아나무의 열매속의 씨

맛은 쓰고 성질은 미지근하다.

피가 뭉친 것을 제거하므로 산후복통, 생리통, 타박상과 변비에 쓴다.

味 苦, 性 平. 活血祛瘀, 潤腸通便

▶용 법
물 1.5L에 땃두릅 뿌리
5~10g을 넣고 달인 물을 하루
중 여러 번 나누어 복용한다.

땃두릅 열매

078
독활(獨活)
땃두릅의 뿌리

맛은 맵고 쓰며 성질은 따뜻하다.

바람의 기운과 차고 습한 기운이 원인이 되어 일어나는 근육통, 관절염, 요통 등에 쓴다. 소염작용이 있어 풍습(風濕)으로 생기는 근육통, 관절염, 요통에 쓴다.

味 辛 苦, 性 溫. 祛風濕, 止痛, 解毒, 頭痛, 身痛

▶용법
물 1.5L에 동아 씨 10~30g을
넣고 달인 물을 하루 중 여러
번 나누어 복용한다.

동아 열매

079
🌿동과자(冬瓜子)
동아의 씨

맛은 달고 성질은 차다.
폐기능을 도와 해수천식, 폐농양, 토혈에 쓴다.
배농효과가 크며 피부를 윤택하게 한다.
味 甘, 性 寒. 淸肺化痰, 排膿

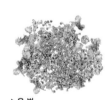

▶용법
물 1.5L에 아욱 씨 4~8g을
넣고 달인 물을 하루 중 여러
번 나누어 복용한다.

아욱 꽃

080
🌿동규자(冬葵子)
아욱의 씨

맛은 달고 성질은 차다.
임신 중에 몸이 무겁고 붓는 것과 변비증상을 개선시킨다.
비만개선에 쓴다.
味 甘, 性 寒. 利水通淋, 下乳, 潤腸通便

▶용법
물 1.5L에 진달래 꽃
10~30g을 넣고 달인 물을 하루
중 여러 번 나누어 복용한다.

진달래 꽃

081
두견화(杜鵑花)
진달래의 꽃

맛은 달고 시며 성질은 따뜻하다.
감기로 인한 두통과 기관지염, 토혈, 코피, 월경불순, 자궁출혈에 쓴다.
味 甘 酸, 性 溫. 淸肺止咳, 調經活血, 吐血和血

▶용법
물 1.5L에 노간주나무 씨
15g을 넣고 달인 물을 하루 중
여러 번 나누어 복용한다.

노간주나무 열매

082
두송실(杜松實)
노간주나무의 열매

맛은 달고 쓰며 성질은 따뜻하다.
전신이 부었을 때 쓴다. 통풍(痛風)과 생식기질환에 쓴다.
류마티스성 관절염에 노간주 열매를 짓찧어 환부에 붙인다.
味 甘 苦, 性 溫. 祛風除濕, 利水發汗, 鎭痛

54

▶용 법
물 1.5L에 두충 나무껍질
10~15g을 넣고 달인 물을 하루
중 여러 번 나누어 복용한다.

083
두충(杜冲)
두충의 나무껍질

맛은 달고 성질은 따뜻하다.

두충 열매

허리와 무릎이 시리고 연약해지는 증상 등에 근육의 탄력을 강화시키면서 골밀도를 높이는 데 쓴다.

味 甘, 性 溫. 補肝腎, 強筋骨, 安胎

▶용 법
물 1.5L에 까마귀밥여름나무
열매 10~20g을 넣고 달인
물을 하루 중 여러 번 나누어
복용한다.

084
등롱과(燈籠果)
까마귀밥여름나무의 열매

맛은 쓰고 매우며 성질은 차며 독이 조금있다.

까마귀밥여름나무 열매

열을 내리게 하고 갈증을 풀어주며 진액을 나게 한다.

민가에서는 옻오른 데(접촉성 피부염)에 쓰기도 한다.

苦 辛 寒, 有小毒. 淸熱, 生津止渴

▶용법
물 1.5L에 골풀 줄기속
2~5g을 넣고 달인 물을 하루
중 여러 번 나누어 복용한다.

골풀 꽃

085
🍵**등심초**(燈心草)
골풀의 줄기속

맛은 달고 담백하며 성질은 조금 차다.
소변을 잘 못보고 색깔이 붉은 증상과 가슴이 답답하고 편안하지 않아서 잠을
못 이루는 데 쓴다.

味 甘 淡, 性 微寒. 利尿通淋, 清心降火

▶용법
물 1.5L에 쥐방울덩굴 열매
1~3g을 넣고 달인 물을 하루
중 여러 번 나누어 복용한다.
♣독이 조금있으므로 용량에
　주의해야 한다.

쥐방울덩굴 꽃

086
마두령(馬兜鈴)
쥐방울덩굴의 열매

맛은 쓰고 맵다. 성질은 차며 독이 조금 있다.
폐와 기관지가 약하여 오는 해수 천식과 인후가 건조하고 간혹 피가 섞여 나오
는 데 쓴다.

味 苦 辛. 性 寒 · 有小毒. 清肺化痰, 止咳平喘

56

▶용법
물 1.5L에 감자 덩이뿌리
50g을 넣고 달인 물을 하루 중
여러 번 나누어 복용한다.

감자 꽃

087
마령서(馬鈴薯)
감자의 덩이뿌리

맛은 달고 성질은 미지근하다.
위장의 소화력을 높이고 기운을 증강시키며 화상에 짓찧어 환부에 붙인다.
양우(洋芋)라고도 한다.
味 甘, 性 平. 補氣, 健胃, 消炎, 便秘

▶용법
물 1.5L에 타래붓꽃 씨 15g을
넣고 달인 물을 하루 중 여러
번 나누어 복용한다.

타래붓꽃

088
마린자(馬藺子)
타래붓꽃의 씨

맛은 달고 성질은 미지근하다.
황달, 이질, 인후염 등에 쓰며 지혈작용이 있어 토혈, 코피, 자궁출혈 등에 쓴다.
味 甘, 性 平. 淸熱, 利濕, 止血, 解毒, 堅筋骨

▶용법
물 1.5L에 삼 씨 5~15g을
넣고 달인 물을 하루 중 여러
번 나누어 복용한다.

089
🐚마인(麻仁)
삼의 씨

맛은 달고 성질은 미지근하다.
노인이나 체질이 허약하여 진액부족으로 오는 변비에 쓴다.
노인성 변비에 마인 15g 정도 넣고 죽을 쑤어 먹기도 한다.

味 甘, 性 平. 潤腸通便, 潤燥, 殺蟲

삼 꽃

▶용법
물 1.5L에 동의나물 전초
3~6g을 넣고 달인 물을 하루
중 여러 번 나누어 복용한다.
♣독이 조금있으므로 용량에
 주의해야 한다.

090
마제초(馬蹄草)
동의나물의 전초

동의나물 꽃

맛은 맵고 쓰다. 성질은 따뜻하며 독이 조금 있다.
치질에 쓰며 타박상, 골절상에 짓찧어 환부에 붙인다.

味 辛 苦, 性 溫 · 有小毒. 痔疾, 捻挫傷

▶용법
물 1.5L에 쇠비름 전초
10~15g을 넣고 달인 물을 하루
중 여러 번 나누어 복용한다.

091
🖐마치현(馬齒莧)
쇠비름의 전초

맛은 시고 성질은 차다.

세균성 이질에 생즙을 마시거나 자궁출혈과 소변이 붉고 잘 나오지 않는
증상에 쓴다.

味 酸, 性 寒. 淸熱解毒, 凉血, 止血

쇠비름 꽃

▶용법
물 1.5L에 만년청 뿌리줄기
10~15g을 넣고 달인 물을 하루
중 여러 번 나누어 복용한다.

092
만년청(萬年靑)
만년청의 뿌리줄기

맛은 쓰고 성질은 차다.

열이 심한 디프테리아, 인후염 등에 쓴다.

심장병으로 인한 심장박동력 부족과 몸이 붓는 데 쓴다.

味 苦, 性 寒. 淸熱解毒, 强心利尿, 咽喉閉塞

만년청 열매

▶용법
물 1.5L에 만삼 뿌리 10~20을
넣고 달인 물을 하루 중 여러
번 나누어 복용한다.

093
🛡만삼(蔓蔘)
만삼의 뿌리

만삼 꽃

맛은 달고 성질은 미지근하다.
기운을 증강시키고 소화력을 높이며 호흡기능을 강화시킨다.
당삼(黨蔘)이라고도 한다.

味 甘, 性 平. 補中益氣, 生津養血

▶용법
물 1.5L에 독말풀 씨 0.5~1g을
넣고 달인 물을 하루 중 여러
번 나누어 복용한다.
♣독이 있으므로 용량에
주의해야 한다.

094
만타라자(曼陀羅子)
독말풀의 씨

독말풀 꽃

맛은 맵고 쓰다. 성질은 따뜻하고 독이 있다.
기관지염에 효력이 있고 복통, 사지통에 쓴다.

味 辛 苦, 性 溫·有毒. 痲醉, 鎭痛, 止咳, 風寒濕痺

▶용법
물 1.5L에 순비기나무 열매
10~15g을 넣고 달인 물을 하루
중 여러 번 나누어 복용한다.

순비기나무 꽃

095
🦪**만형자**(蔓荊子)
순비기나무의 열매

맛은 쓰고 매우며 성질은 서늘하다.
혈압이 높고 머리가 아픈 것과 눈이 충혈 되어 눈물이 나며 붓고 아픈 데 쓴다.
味 苦 辛, 性 凉. 散風熱, 淸利頭目, 散風熱

▶용법
물 1.5L에 석결명 씨 6~9g을
넣고 달인 물을 하루 중 여러
번 나누어 복용한다.

석결명 꽃

096
망강남(望江南)
석결명의 씨

맛은 쓰고 성질은 미지근하다.
간의 열을 내리고 눈을 밝게 하는 데 쓴다.
소화불량, 위통, 복통, 변비에 쓴다.
味 苦, 性 平. 平肝火, 明目, 治熱性眼痛, 通便

▶용법
물 1.5L에 해당화 꽃망울
10~20g을 넣고 달인 물을 하루
중 여러 번 나누어 복용한다.

해당화 꽃

097
🌿**매괴화**(玫瑰花)
해당화의 꽃망울

맛은 달고 조금 쓰며 성질은 따뜻하다.
간과 위장의 기능 감퇴로 인한 소화불량에 쓴다. 타박상과 어혈통에 쓴다.
뿌리는 매괴근(玫瑰根)이라하여 민가에서는 당뇨병에 쓴다.
味 甘 微苦, 性 溫. 行氣解鬱, 和血散瘀

▶용법
물 1.5L에 물매화 전초
5~10g을 넣고 달인 물을 하루
중 여러 번 나누어 복용한다.

물매화 꽃

098
매화초(梅花草)
물매화의 전초

맛은 쓰고 성질은 서늘하다.
피를 맑게 하고 종기를 없애며 급성 황달형 간염에 쓴다.
味 苦, 性 涼. 淸熱涼血, 消腫解毒

▶용법
물 1.5L에 맥문동 덩이뿌리
10~20g을 넣고 달인 물을 하루
중 여러 번 나누어 복용한다.

맥문동 꽃

099
🌱맥문동(麥門冬)
맥문동의 덩이뿌리

맛은 달고 조금 쓰며 성질은 조금 차다.
폐기능을 도와 폐결핵, 해수 천식과 각혈에 쓴다.
진액을 나게 하여 당뇨병에 쓴다.
味 甘 微苦, 性 微寒. 潤肺淸心, 强陰益精, 生津

▶용법
물 1.5L에 겉보리 씨를
발아시킨것 10~20g을 넣고
달인 물을 하루 중 여러 번
나누어 복용한다.

겉보리 씨

100
🌱맥아(麥芽)
겉보리의 씨를 발아시킨 것

맛은 달고 성질은 미지근하다.
비위장을 도와 소화불량, 위염, 위통 등에 쓴다.
산후에 젖이 많이 나올 때 젖이 나오지 않게 하는 데 쓴다.
味 甘, 性 平. 消食, 和中, 回乳

▶용법
물 1.5L에 목화 씨 7~15g을
넣고 달인 물을 하루 중 여러
번 나누어 복용한다.
♣독이 있으므로 용량에
주의하여야 한다.

101
🍼면실자(棉實子)
목화의 씨

목화 꽃

맛은 맵다. 성질은 뜨겁고 독이 있다.
신장기능을 도와 양기부족증과 소변을 자주 보는 데 쓴다.
부인의 자궁출혈과 자궁에서 나오는 분비물과 치질 등에 쓴다.
味 辛. 性 熱 · 有毒. 溫腎, 補虛, 止血

▶용법
물 1.5L에 무릇 비늘줄기
5~10g을 넣고 달인 물을 하루
중 여러 번 나누어 복용한다.

102
면조아(綿棗兒)
무릇의 비늘줄기

무릇 꽃

맛은 달고 성질은 차다.
유방염이나 창독(瘡毒)에 짓찧어 붙이며 치통 및 근육통과 타박상에 쓴다.
혈액순환을 촉진시키고 해독하여 부기를 가라앉히고 통증을 멎게 하는 데 쓴다.
味 甘, 性 寒. 活血解毒, 消腫止痛

▶용법
물 1.5L에 모과나무 열매
10~20g을 넣고 달인 물을 하루
중 여러 번 나누어 복용한다.

103
◌목과(木瓜)
모과나무의 열매

모과나무 열매

맛은 시고 성질은 따뜻하다.
근육경련과 관절염증상 그리고 각기병, 토사곽란에 쓴다.
味 酸, 性 溫. 舒筋活絡, 化濕和胃

▶용법
물 1.5L에 무궁화 뿌리껍질
5~10g을 넣고 달인 물을 하루
중 여러 번 나누어 복용한다.

104
◌목근피(木槿皮)
무궁화의 뿌리껍질

무궁화 꽃

맛은 달고 쓰며 성질은 서늘하다.
지혈작용이 있어 장출혈, 자궁출혈, 이질, 설사에 쓴다. 열을 내리고 항진균작용
이 있어 옴이나 버짐 및 가려움증 등에 달인 물로 목욕하는 데 쓴다.
味 甘 苦, 性 凉. 清熱, 殺蟲, 解毒, 利濕, 止血, 止痒

65

▶용 법
물 1.5L에 목단(모란)뿌리껍질
10~15을 넣고 달인 물을 하루
중 여러 번 나누어 복용한다.

105
목단피(牧丹皮)

목단(모란)의 뿌리껍질

맛은 쓰고 매우며 성질은 조금 차다.

혈액순환을 촉진시켜 어혈통, 생리통, 생리불순에 쓴다.

소염작용이 있어 신체 내 염증이 있는 데 응용된다.

味 苦 辛, 性 微寒. 淸熱, 凉血, 活血祛瘀

목단(모란) 꽃

▶용 법
물 1.5L에 댕댕이덩굴 뿌리
5~10g을 넣고 달인 물을 하루
중 여러 번 나누어 복용한다.

106
목방기(木防己)

댕댕이덩굴의 뿌리

맛은 맵고 쓰며 성질은 따뜻하다.

풍습(風濕)으로 생기는 관절염과 늑간신경통에 쓴다.

이뇨작용이 있어 급성신우염과 혈압을 내리는 데 쓴다.

味 辛 苦, 性 溫. 祛風止痛, 利尿消腫

댕댕이덩굴 열매

▶용 법
물 1.5L에 조팝나무 뿌리
10g을 넣고 달인 물을 하루 중
여러 번 나누어 복용한다.

조팝나무 꽃

107
목상산(木常山)
조팝나무의 뿌리

맛은 쓰고 매우며 성질은 차다.
신경통과 인후염에 쓴다.
소엽화(笑靨花)라 하기도 한다.

味 苦 辛, 性 寒. 咽喉腫痛, 神經痛

▶용 법
물 1.5L에 속새 지상부 5~10g
을 넣고 달인 물을 하루 중 여
러 번 나누어 복용한다.

속새 전초

108
목적(木賊)
속새의 지상부

맛은 달고 쓰며 성질은 미지근하다.
눈이 충혈 되거나 눈꼽이 나고 눈동자에 백태가 끼며 시력이 약해지는 증상에
쓴다.

味 甘 苦, 性 平. 疏風熱, 明目退翳

67

▶용법
물 1.5L에 개다래나무 벌레먹은
열매 10~15g을 넣고 달인 물을
하루 중 여러 번 나누어 복용한
다.

개다래나무 꽃

109
🔖**목천료**(木天蓼)

개다래나무의 벌레먹은 열매

맛은 맵고 성질은 따뜻하다.

피부염, 백전풍(백반증) 등에 쓰이며 오래된 이질에 효과가 있다.

통풍에 목천료 가루를 1회 3g씩 하루 중 3회 복용하기도 한다.

味 辛, 性 溫. 大風癩疾, 氣痢風勞

▶용법
물 1.5L에 으름덩굴 줄기
3~15g을 넣고 달인 물을 하루
중 여러 번 나누어 복용한다.

으름덩굴 열매

110
🔖**목통**(木通)

으름덩굴의 줄기

맛은 쓰고 성질은 차다.

소변을 잘 나오게 하여 신우염, 방광염, 요도염 등에 쓰인다. 산후 젖이 잘 나오
게 하는 데 쓴다.

味 苦, 性 寒. 利水通淋, 通血脈, 通乳

무화과 열매

▶용법
물 1.5L에 무화과 열매 15g을
넣고 달인 물을 하루 중 여러
번 나누어 복용한다.

111
무화과(無花果)
무화과의 열매

맛은 달고 성질은 서늘하다.
위염, 장염, 이질과 치질에 쓴다.
사마귀에 신선한 열매의 백색유즙을 바른다.
味 甘, 性 涼. 健胃腸, 消腫解毒

쇠뜨기 새싹[뱀밥]

▶용법
물 1.5L에 쇠뜨기 전초
4~12g을 넣고 달인 물을 하루
중 여러 번 나누어 복용한다.

112
문형(問荊)
쇠뜨기의 전초

맛은 쓰고 성질은 서늘하다.
소변을 잘 나오게 하여 혈압을 내리며 열을 수반한 해수천식에 쓴다.
지혈작용이 있어 토혈, 코피, 장출혈 등에 쓴다.
味 苦, 性 涼. 清熱, 涼血, 止咳, 利尿, 止血

▶용 법
물 1.5L에 다래나무 열매
40~60g을 넣고 달인 물을 하루
중 여러 번 나누어 복용한다.

다래나무 꽃

113
미후도(獼猴桃)
다래나무의 열매

맛은 달고 성질은 차다.
열을 내리고 갈증을 풀어 주며 소변을 잘나오게 하는 데 쓴다.
식욕부진 소화불량에 쓴다.

味 甘, 性 寒. 解熱, 止渴, 通淋

▶용 법
물 1.5L에 죽자초 전초 5g을
넣고 달인 물을 하루 중 여러
번 나누어 복용한다.
♣독이 있으므로 용량에
주의하여야 한다.

죽자초 꽃

114
박락회(博落廻)
죽자초의 전초

맛은 맵고 쓰다. 성질은 따뜻하고 독이 있다.
이뇨작용이 있어 몸이 부은 데 쓴다. 해독 작용을 하며 기생충(촌충, 회충)
구제에 쓴다. 타박상에 짓찧어 환부에 붙인다.

味 辛 苦, 性 溫 · 有毒. 消腫, 解毒, 殺蟲

70

▶용 법
물 1.5L에 박하 지상부
5~10g을 넣고 달인 물을 하루
중 여러 번 나누어 복용한다.

박하 꽃

115
🌿박하(薄荷)
박하의 지상부

맛은 맵고 성질은 서늘하다.
감기로 인한 두통과 눈이 충혈 되고 목 안이 붓는 증상에 쓴다.
味 辛, 性 凉. 消散風熱, 淸利頭目, 利咽

▶용 법
물 1.5L에 반지련 전초
15~20g을 넣고 달인 물을 하루
중 여러 번 나누어 복용한다.

반지련 전초

116
🌿반지련(半枝蓮)
반지련의 전초

맛은 쓰고 매우며 성질은 차다.
지혈작용으로 각종 출혈(토혈, 각혈, 비혈)증상에 쓴다.
항암작용이 있는 것으로 알려져 있다.
味 苦 辛, 性 寒. 淸熱, 解毒, 止血, 子宮癌

▶용법
물 1.5L에 반하 덩이뿌리
3~9g을 넣고 달인 물을 하루
중 여러 번 나누어 복용한다.
♣독이 있으므로 용량에 주의하
여야 하며 꼭 생강을 넣고
(3~9g에 대추만한 생강3쪽)
다려야한다.

117
🏅**반하**(半夏)
반하의 덩이뿌리

맛은 맵다. 성질은 따뜻하며 독이있다.
담(痰)을 삭이고 가래가 많거나 해수천식 등에 쓰며 담(痰)이 원인이 되어
메스껍고 토하거나 머리가 아프고 어지러운 데 쓴다.
味 辛, 性 溫 · 有毒. 燥濕化痰, 降逆止嘔

반하 전초

▶용법
하루중 은행나무 열매속의 씨
10개 미만으로 구워서 아침
저녁에 복용한다.
♣독이 조금있으므로 용량에
주의하여야 한다.

118
🏅**백과**(白果)
은행나무의 열매속의 씨

맛은 쓰고 달다. 성질은 미지근하고 독이 조금 있다.
가래를 삭이고 기침을 그치게 하며 소변을 자주 보는 데 쓴다.
味 苦 甘. 性 平 · 有小毒. 肺平喘, 縮小便

은행나무 열매

▶용법
물 1.5L에 애기똥풀 지상부
5g을 넣고 달인 물을 하루 중
여러 번 나누어 복용한다.
♣독이 있으므로 용량에
주의하여야 한다.

119
☝ 백굴채(白屈菜)
애기똥풀의 지상부

맛은 쓰고 맵다. 성질은 조금 따뜻하며 독이 있다.

애기똥풀 꽃

급·만성 위장염, 위·십이지장 궤양, 담낭염으로 인한 복통과 이질에 쓴다.

味 苦 辛. 性 微溫 · 有毒. 鎭痛止咳, 利尿解毒

▶용법
물 1.5L에 자란 덩이뿌리
3~15g을 넣고 달인 물을 하루
중 여러 번 나누어 복용한다.

120
☝ 백급(白芨)
자란의 덩이뿌리

자란 꽃

맛은 쓰고 달며 성질은 조금 차다.

지혈작용이 있어 각혈, 토혈, 궤양성출혈 등에 쓴다.

味 苦 甘. 性 微寒. 收斂止血, 消腫生肌

▶용법
물 1.5L에 할미꽃 뿌리
5~10g을 넣고 달인 물을 하루
중 여러 번 나누어 복용한다.

할미꽃 꽃

121
🐾백두옹(白頭翁)

할미꽃의 뿌리

맛은 쓰고 성질은 차다.

열을 내리고 독과 피가 뭉친 것을 풀어 주며 이질에 쓴다.

味 苦, 性 寒. 淸熱解毒, 凉血, 治痢

▶용법
물 1.5L에 가회톱 덩이뿌리
5~15g을 넣고 달인 물을 하루
중 여러 번 나누어 복용한다.

가회톱 열매

122
🐾백렴(白蘞)

가회톱의 덩이뿌리

맛은 쓰고 달며 성질은 서늘하다.

해열 해독하고 울결된 것을 풀어주고 새살이 돋아나게 하고 통증을 완화시키는
데 쓴다. 급·만성이질에 가루를 1회 3g씩 아침, 저녁 복용한다.

味 苦 甘, 性 凉. 淸熱解毒, 散結止痛, 斂瘡生肌

▶용법
물 1.5L에 띠 뿌리줄기
8~30g을 넣고 달인 물을 하루
중 여러 번 나누어 복용한다.

띠 씨

123
백모근(白茅根)
띠의 뿌리줄기

맛은 달고 성질은 차다.

혈열로 인한 토혈, 코피, 소변출혈 등에 쓰며 구토와 해수, 천식에도 쓴다.

味 甘, 性 寒. 凉血止血, 清熱利尿, 清肺胃熱

▶용법
물 1.5L에 배풍등 씨
10~20g을 넣고 달인 물을 하루
중 여러 번 나누어 복용한다.

배풍등 씨

124
백모등(白毛藤)
배풍등의 씨

맛은 쓰고 달며 성질은 차다.

황달 등 간경화 초기에 쓰며 항암작용이 있는 것으로 알려져 있다.

味 苦 甘, 性 寒. 清熱利濕, 祛風解毒

▶용법
물 1.5L에 백미꽃 뿌리
3~15g을 넣고 달인 물을 하루
중 여러 번 나누어 복용한다.

백미꽃 꽃

125
🪣백미(白薇)
백미꽃의 뿌리
맛은 쓰고 짜며 성질은 차다.
열을 내리고 소변 색깔이 붉고 소변을 잘 못 보며 통증을 느끼는 데 쓴다.
味 苦 鹹, 性 寒. 淸熱凉血, 利尿通淋

▶용법
물 1.5L에 윤판나물 뿌리
10~40g을 넣고 달인 물을 하루
중 여러 번 나누어 복용한다.

윤판나물 꽃

126
백미순(百尾筍)
윤판나물의 뿌리
맛은 달고 성질은 미지근하다.
폐 기능 허약으로 인한 해수, 천식 및 가래에 피가 섞여 나오는 증상 등에 쓴다.
소화가 안 되어 일어나는 복통에 쓰기도 한다.
味 甘, 性 平. 潤肺止咳, 健脾消腫, 治腸風下血

▶용법
물 1.5L에 노랑돌쩌귀 덩이뿌리
3~6g을 넣고 달인 물을 하루
중 여러 번 나누어 복용한다.
♣독이 있으므로 용량에
   주의하여야 한다.

노랑돌쩌귀 꽃

127
백부자(白附子)
노랑돌쩌귀의 덩이뿌리
맛은 맵고 달다. 성질은 따뜻하며 독이 있다.
안면신경마비, 경련발작, 중풍, 편두통 등에 쓴다.
味 辛 甘. 性 溫·有毒. 燥濕化痰, 祛風止痙

▶용법
물 1.5L에 백선 뿌리껍질
6~15g을 넣고 달인 물을 하루
중 여러 번 나누어 복용한다.

백선 꽃

128
백선피(白鮮皮)
백선의 뿌리껍질
맛은 쓰고 성질은 차다.
피부병(습진, 가려움증 등)에 백선피 달인 물로 피부에 바르거나 목욕을 하면
효과를 볼 수 있으며, 급·만성간염에 쓴다.
味 苦, 性 寒. 清熱解毒, 除濕止痛

▶용법
물 1.5L에 큰(은)조롱 덩이뿌리
15~30g을 넣고 달인 물을 하루
중 여러 번 나누어 복용한다.

큰조롱 꽃

129
🍵 백수오(白首烏)
큰(은)조롱의 덩이뿌리

맛은 쓰고 달며 성질은 조금 따뜻하다.

머리카락이 희어지고 허리가 아프며 힘이 없고 다리가 연약해지는 증상에 쓴다.

몸이 허약하여 오는 변비에 쓴다.

味 苦 甘, 性 微溫. 補肝腎, 益精血, 潤腸通便

▶용법
물 1.5L에 측백나무 열매속의 씨
4~15g을 넣고 달인 물을 하루
중 여러 번 나누어 복용한다.

측백나무 열매

130
🛡 백자인(柏子仁)
측백나무의 열매속의 씨

맛은 달고 성질은 미지근하다.

정신을 안정시키므로 잠을 못 이루며 잘 놀라고 가슴이 두근거리는 데 쓴다.

노인성 변비에 쓴다.

味 甘, 性 平. 養心安神, 潤腸通便

▶용법
물 1.5L에 민백미꽃 뿌리
4~12g을 넣고 달인 물을 하루
중 여러 번 나누어 복용한다.

민백미꽃

131
백전(白前)
민백미꽃의 뿌리

맛은 맵고 달다. 성질은 따뜻하다.
오래된 해수, 기침과 천식에 쓴다.
味 辛 甘, 性 溫. 降氣, 祛痰, 止咳, 瀉肺

▶용법
물 1.5L에 구릿대 뿌리
3~10g을 넣고 달인 물을 하루
중 여러 번 나누어 복용한다.

구릿대 꽃

132
백지(白芷)
구릿대의 뿌리

맛은 쓰고 성질은 따뜻하다.
머리 아프고 코 막히며 콧물이 나는 증상과 종기 치료에 쓴다.
味 辛, 性 溫. 祛風除濕, 通竅止痛, 消腫排膿

▶용법
물 1.5L에 창포 뿌리줄기
3~6g을 넣고 달인 물을 하루
중 여러 번 나누어 복용한다.

133
백창(白菖)
창포의 뿌리줄기

창포 꽃

맛은 쓰고 매우며 성질은 따뜻하다.
마음을 안정시키고 기억력을 개선시키며 위장을 튼튼하게 하는 데 쓴다. 피부병
(가려움, 옴, 부스럼)에 짓찧어 환부에 붙치기도 하며 달인 물로 목욕하기도 한다.
味 苦 辛, 性 溫. 開竅, 健脾, 驚悸健忘, 殺蟲

▶용법
물 1.5L에 삽주 뿌리줄기
3~15g을 넣고 달인 물을 하루
중 여러 번 나누어 복용한다.

134
백출(白朮)
삽주의 뿌리줄기

삽주 꽃

맛은 쓰고 달며 성질은 약간 따뜻하다.
비위가 약하여 오는 소화불량, 위염, 장염 등에 쓴다.
대변을 묽게 보는 데와 안태(安胎)시키는 데 쓴다.
味 苦 甘, 性 微溫. 健脾, 安胎, 溫和中

▶용법
물 1.5L에 편두콩 씨 5~15g을
넣고 달인 물을 하루 중 여러
번 나누어 복용한다.

편두콩 꽃

135
🍲백편두(白扁豆)
편두콩의 씨

맛은 달고 성질은 미지근하다.

비위가 약하여 소화가 잘 되지 않거나 설사하는 데 쓴다.

味 甘, 性 平. 健脾胃, 消署, 止瀉, 解毒

▶용법
물 1.5L에 참나리 비늘줄기
5~15g을 넣고 달인 물을 하루
중 여러 번 나누어 복용한다.

참나리 꽃

136
🍲백합(百合)
참나리의 비늘줄기

맛은 달고 성질은 조금 차다.

폐기능을 도와 기관지염, 천식, 마른기침에 쓴다.

가슴이 답답하고 마음이 안정되지 않고 소변이 붉으며 맥박이 빠른 데 쓴다.

味 甘, 性 微寒. 潤肺止咳, 淸心安神

▶용법
물 1.5L에 백운풀 전초
10~20g을 넣고 달인 물을 하루
중 여러 번 나누어 복용한다.

백운풀 꽃

137

🔟 **백화사설초**(白花蛇舌草)

백운풀의 전초

맛은 달고 쓰며 성질은 차다.

편도선염, 인후염, 충수염, 골반염 등에 쓴다.

항암작용이 있는 것으로 알려져 민가에서 폐암에 보조적으로 쓴다.

味 甘 苦, 性 寒. 淸熱利濕, 解毒

▶용법
물 1.5L에 솜양지꽃 뿌리
9~15g을 넣고 달인 물을 하루
중 여러 번 나누어 복용한다.

솜양지꽃 꽃

138

번백초(飜白草)

솜양지꽃의 뿌리

맛은 달고 쓰며 성질은 미지근하다.

폐결핵, 해수, 천식 등과 토혈, 각혈, 자궁출혈, 변혈 등에 쓴다.

어혈을 풀어주며 새살이 돋아나게 하는 데 쓴다.

味 甘 苦, 性 平. 淸熱解毒, 凉血止血, 消腫

▶용법
물 1.5L에 번행초 전초
8~15g을 넣고 달인 물을 하루
중 여러 번 나누어 복용한다.

번행초 전초

139
번행(蕃杏)
번행초의 전초
맛은 달고 성질은 미지근하다.
청열작용이 있어 눈이 충혈되고 아픈 데 쓴다. 장염에 쓴다.
항암작용이 있는 것으로 알려져 있다.
味 甘, 性 平. 淸熱解毒, 祛風消腫

▶용법
물 1.5L에 광대나물 전초
10g을 넣고 달인 물을 하루 중
여러 번 나누어 복용한다.

광대나물 꽃

140
보개초(寶蓋草)
광대나물의 전초
맛은 맵고 쓰며 성질은 따뜻하다.
근육의 동통과 사지마비에 쓰고 타박상으로 인해 피가 뭉친 데 쓴다.
味 辛 苦, 性 溫. 祛風通絡, 消腫止痛, 治跌打損傷

▶용법
물 1.5L에 소나무 뿌리에
기생하는 복령균의 균핵
10~15g을 넣고 달인 물을 하루
중 여러 번 나누어 복용한다.

141
🥄**복령**(茯苓)
소나무의 뿌리에 기생하는
복령균의 균핵

소나무 수형

맛은 달고 담백하며 성질은 미지근하다.
신체면역증강과 식욕증진에 쓴다. 소변이 잘나오지 않는 데 쓴다.
가슴이 답답하고 마음이 안정되지 않는 데 쓴다.
味 甘 淡, 性 平. 利水滲濕, 健脾和胃, 寧心安神

▶용법
물 1.5L에 복분자딸기 덜익은
열매 6~12g을 넣고 달인 물을
하루 중 여러 번 나누어
복용한다.

142
🥄**복분자**(覆盆子)
복분자딸기의 덜익은 열매

복분자딸기 열매

맛은 달고 시며 성질은 따뜻하다.
신장 기능의 허약으로 인한 유정, 몽정, 유뇨 또는 소변을 자주 보는 데 쓴다.
味 甘 酸, 性 溫. 益腎固精, 縮尿, 陽痿

▶용법
물 1.5L에 복수초 뿌리 1~4g을
넣고 달인 물을 하루 중 여러
번 나누어 복용한다.
♣독이 있으므로 용량에
  주의해야 한다.

복수초 꽃

143
복수초(福壽草)
복수초의 뿌리

맛은 쓰다. 성질은 미지근하며 독이 조금 있다.
가슴이 두근거리거나 심장의 수축력이 약하고 몸이 부을 때 쓴다.
味 苦, 性 平 · 有小毒. 强心, 利尿

▶용법
물 1.5L에 솔나물 지상부
10~15g을 넣고 달인 물을 하루
중 여러 번 나누어 복용한다.

솔나물 꽃

144
봉자채(蓬子菜)
솔나물의 지상부

맛은 맵고 쓰며 성질은 차다.
열을 내리고 해독하며 혈액순환을 잘되게 하며 피부소양증에 쓴다.
감염, 종기와 편도선염에도 쓴다.
味 辛 苦, 性 寒. 消腫祛瘀, 解毒止癢, 清熱, 行血

85

▶용법
물 1.5L에 밀 물에 뜨는 씨
15~30g을 넣고 달인 물을 하루
중 여러 번 나누어 복용한다.

밀 씨

145
🥄부소맥(浮小麥)
밀이 물에 뜨는 씨
맛은 달고 성질은 서늘하다.
서늘한 성질이 있어 열을 내리게 하며 땀을 그치게 하므로 자한(自汗), 도한(盜汗)
에 쓴다.
味 甘, 性 凉. 益氣除熱, 止汗

▶용법
물 1.5L에 부용 꽃 4~10g을
넣고 달인 물을 하루 중 여러
번 나누어 복용한다.

부용 꽃

146
부용화(芙蓉花)
부용의 꽃
맛은 맵고 성질은 미지근하다.
종기의 염증을 가라앉혀 통증을 그치게 하고 외용으로 환부에 짓찧어 붙이기도
한다. 목부용화(木芙蓉花)라 하기도 한다.
味 辛, 性 平. 凉血解毒, 消腫止痛

▶용법
물 1.5L에 개구리밥 전초
4~8g을 넣고 달인 물을 하루
중 여러 번 나누어 복용한다.

개구리밥 전초

147
🍶부평(浮萍)
개구리밥의 전초
맛은 맵고 성질은 차다.
두드러기, 피부 가려움증을 낫게 하고 소변 양이 적고 전신이 부었을 때 쓴다.
味 辛, 性 寒. 利水消腫, 止痒, 癮疹

▶용법
물 1.5L에 비자나무 열매
15~50g을 넣고 달인 물을 하루
중 여러 번 나누어 복용한다.

비자나무 열매

148
🍶비자(榧子)
비자나무의 열매
맛은 달고 성질은 미지근하다.
위장을 상하지 않게 살충시키므로 회충, 요충, 촌충 등의 구제약으로 쓴다.
味 甘, 性 平. 潤肺止咳, 殺蟲

▶용 법
물 1.5L에 기린초 전초
5~15g을 넣고 달인 물을 하루
중 여러 번 나누어 복용한다.

149
비채(費菜)
기린초의 전초

기린초 꽃

맛은 시고 성질은 미지근하다.
혈액순환을 촉진하고 지혈하며 심장의 두근거림을 안정시키는 데 쓴다.
해독작용이 있어 타박상과 피를 맑게 하는 데 쓴다.
味 酸, 性 平. 活血止血, 抑肝寧心, 療心悸

▶용 법
물 1.5L에 비파나무 잎
4~15g을 넣고 달인 물을 하루
중 여러 번 나누어 복용한다.

150
비파엽(枇杷葉)
비파나무의 잎

비파나무 열매

맛은 쓰고 성질은 미지근하다.
해수와 기침을 다스리며 위장의 열을 내리므로 구토 증상에 쓴다.
味 苦, 性 平. 淸肺止咳, 和胃降逆

▶용법
물 1.5L에 범부채 뿌리줄기
3~9g을 넣고 달인 물을 하루
중 여러 번 나누어 복용한다.

범부채 꽃

151
🌿**사간**(射干)
범부채의 뿌리줄기

맛은 쓰고 성질은 차다.
열을 내리고 인후염과 기침, 천식에 쓴다.
味 苦, 性 寒. 淸熱解毒, 祛痰, 利咽喉

▶용법
물 1.5L에 수세미오이 망상의
섬유와 유관속 10~15g을 넣고
달인 물을 하루 중 여러 번
나누어 복용한다.

152
🌿**사과락**(絲瓜絡)
수세미오이의 망상의 섬유와 유관속

수세미오이 열매

맛은 달고 성질은 서늘하다.
만성기관지염, 해수천식에 쓴다. 해열 해독작용이 있어 열이 있으며 갈증이
심하며 소변이 잘나오지 않는 데와 유선염에 쓴다.
味 甘, 性 涼. 淸熱化痰, 凉血解毒, 通經活絡

89

▶용법
물 1.5L에 뱀딸기 전초
9~15g을 넣고 달인 물을 하루
중 여러 번 나누어 복용한다.

뱀딸기 전초

153
사매(蛇莓)
뱀딸기의 전초

맛은 달고 쓰며 성질은 차다.
열로 인하여 오는 인후염, 편도선염에 쓴다. 지혈작용이 있어 토혈, 코피, 장출
혈에 쓴다. 해수천식과 마른기침에 쓴다.
味 甘 苦, 性 寒. 淸熱凉血, 消腫解毒, 止咳止血

▶용법
물 1.5L에 잔대 뿌리
10~20g을 넣고 달인 물을 하루
중 여러 번 나누어 복용한다.

잔대 전초

154
사삼(沙蔘)
잔대의 뿌리

맛은 달고 쓰며 성질은 약간 차다.
폐(肺)기능을 도와 해수천식과 마른기침에 쓴다.
위기능을 도와 소화를 돕고 진액을 나게 하는 데 쓴다.
味 甘 苦, 性 微寒. 補中, 益肺氣, 淸肺火, 養胃生津

▶용법
물 1.5L에 사상자 씨 4~12g을
넣고 달인 물을 하루 중 여러
번 나누어 복용한다.

155
🌿**사상자**(蛇床子)
사상자의 씨

사상자 꽃

맛은 맵고 쓰며 성질은 약간 따뜻하다.
만성 복통설사에 장을 따뜻하게 하면서 설사를 그치게 하고 사타구니가 습하여
가려울 때 쓴다.

味 辛 苦, 性 微溫. 溫腎, 收斂殺蟲, 腎虛陽痿

▶용법
물 1.5L에 더덕 뿌리
10~20g을 넣고 달인 물을 하루
중 여러 번 나누어 복용한다.

156
사엽삼(四葉蔘)
더덕의 뿌리

더덕 꽃

맛은 달고 매우며 성질은 미지근하다.
소종, 해독 작용이 있어 유방염, 폐농양, 피부의 종기에 쓴다. 산후에 젖이 잘
나오게 한다. 양유근(羊乳根)이라고도 하며 시중에서는 사삼(沙蔘)으로 쓴다.

味 甘 辛, 性 平. 消腫排膿, 解毒, 下乳

▶용법
물 1.5L에 개머루 뿌리
10~20g을 넣고 달인 물을 하루
중 여러 번 나누어 복용한다.

157
사포도(蛇葡萄)
개머루의 뿌리
맛은 달고 성질은 미지근하다.
소변을 잘 못보고 색이 붉게 나오는 만성 신우염이나 관절염에서 오는 통증에
쓴다. 혈액순환을 촉진시켜 근육통에 쓴다.
味 甘, 性 平. 解熱祛風, 利尿消炎, 舒筋活血

개머루 열매

▶용법
물 1.5L에 숫잔대 전초
5~15g을 넣고 달인 물을 하루
중 여러 번 나누어 복용한다.

158
산경채(山梗菜)
숫잔대의 전초
맛은 달고 성질은 미지근하다.
기관지염으로 인한 해수, 천식과 장염으로 인한 복통, 설사에 쓴다.
味 甘, 性 平. 祛痰止咳, 淸熱解毒

숫잔대 꽃

▶**용법**
물 1.5L에 동백나무 꽃
5~15g을 넣고 달인 물을 하루
중 여러 번 나누어 복용한다.

동백나무 꽃

159
산다화(山茶花)
동백나무의 꽃

맛은 달고 쓰고 맵다. 성질은 서늘하다.

지혈 작용이 있어 토혈, 코피, 자궁출혈, 대변출혈 등에 산다화를 검게 태워서 쓴다. 화상에 가루를 상처에 바른다.

味 甘 苦 辛. 性 凉. 凉血, 止血, 散瘀消腫

▶**용법**
물 1.5L에 쑥부쟁이 전초
5~10g을 넣고 달인 물을 하루
중 여러 번 나누어 복용한다.

쑥부쟁이 꽃

160
산백국(山白菊)
쑥부쟁이의 전초

맛은 쓰고 매우며 성질은 서늘하다.

감기로 열이 나는 증상과 편도선염, 기관지염, 유선염 등에 쓴다.

味 苦 辛, 性 凉. 疎風, 淸熱解毒, 祛痰鎭咳

▶용법
물 1.5L에 산사나무 열매
10~15g을 넣고 달인 물을 하루
중 여러 번 나누어 복용한다.

산사나무 열매

161
🌿산사(山査)
산사나무의 열매
맛은 시고 달다. 성질은 따뜻하다.
건위작용 및 소화촉진작용을 하고 산후복통, 부인의 생리통에 쓰며
관상동맥장애와 협심증, 고혈압, 고지혈증 등에 쓴다.
味 酸 甘, 性 溫. 消食化積, 活血散瘀

▶용법
물 1.5L에 산수유 열매(과육)
10~20g을 넣고 달인 물을 하루
중 여러 번 나누어 복용한다.

산수유 열매

162
🌿산수유(山茱萸)
산수유의 열매(과육)
맛은 시고 성질은 조금 따뜻하다.
어지럽고 허리와 무릎이 약한 데 쓰며 발기가 안 되고 정액이 저절로
흘러나오며 귀에 소리가 나는 증상 등에 쓴다.
味 酸, 性 微溫. 補益肝腎, 收斂固澁, 耳鳴

94

▶용 법
물 1.5L에 마 뿌리줄기
10~20g을 넣고 달인 물을 하루
중 여러 번 나누어 복용한다.

163
산약(山藥)
마의 뿌리줄기

맛은 달고 성질은 미지근하다.

마 열매(육아주)

비위 기능의 허약으로 인한 권태감과 무력감을 낮게 하고 설사를 그치게 한다.
허리와 무릎이 시리고 연약한 증상에 쓴다.

味 甘, 性 平. 益氣養陰, 補脾肺腎, 止瀉

▶용 법
물 1.5L에 약난초 덩이뿌리
3~6g을 넣고 달인 물을 하루
중 여러 번 나누어 복용한다.
♣독이 있으므로 요량에
　주의해야 한다.

164
산자고(山慈姑)
약난초의 덩이뿌리

맛은 맵고 달다. 성질은 차며 독이 있다.

약난초 꽃

열이 나면서 생기는 종기, 종창 등에 쓴다.

味 辛 甘. 性 寒 · 有毒. 淸熱解毒, 消腫散結

▶용법
물 1.5L에 꽈리 열매 8~15g을
넣고 달인 물을 하루 중 여러
번 나누어 복용한다.

165
산장(酸漿)
꽈리의 열매

꽈리 열매

맛은 시고 성질은 차다.
해열 해독작용이 있으며 인후가 붓고 아픈 데 쓰며 황달을 낫게 하고 소변을 잘
나오게 한다.

味 酸, 性 寒. 清熱解毒, 利尿

▶용법
물 1.5L에 묏대추나무 열매속
의 씨 6~15g을 넣고 달인 물을
하루 중 여러 번 나누어
복용한다.

166
🏺산조인(酸棗仁)
묏대추나무의 열매속의 씨

묏대추나무 열매

맛은 달고 성질은 미지근하다.
신경과민으로 가슴이 뛰고 불안하며 꿈을 많이 꾸고 잘 때 잘 깨며 어지러운
증상에 쓴다.

味 甘, 性 平. 養心安神, 斂汗

▶용법
물 1.5L에 차풀 전초 10~20g을
넣고 달인 물을 하루 중 여러
번 나누어 복용한다.

차풀 꽃

167
산편두(山扁豆)
차풀의 전초

맛은 달고 성질은 미지근하다.
여름철 식중독으로 인한 토사곽란이나 황달에 쓴다.
味 甘, 性 平. 淸肝利濕, 散瘀化積, 淸熱解毒

▶용법
물 1.5L에 흑삼릉 덩이뿌리
5~10g을 넣고 달인 물을 하루
중 여러 번 나누어 복용한다.

흑삼릉 꽃

168
삼릉(三稜)
흑삼릉의 덩이뿌리

맛은 쓰고 성질은 미지근하다.
피가 몰려 정체되어 일어나는 생리통이나 생리불순에 쓴다.
음식의 소화가 안 되고 헛배가 부른 증상에 쓴다.
味 苦, 性 平. 破血祛瘀, 行氣止痛

97

▶용법
물 1.5L에 삼백초 전초
9~15g을 넣고 달인 물을 하루
중 여러 번 나누어 복용한다.

삼백초 꽃

169
📵삼백초(三白草)
삼백초의 전초
맛은 쓰고 매우며 성질은 차다.
몸이 붓고 대·소변이 잘 나오지 않는 데 쓰며 황달에도 쓴다.
味 苦 辛, 性 寒. 淸熱利濕, 消腫解毒, 利大小便

▶용법
물 1.5L에 뽕나무겨우살이
전초 15~20g을 넣고 달인
물을 하루 중 여러 번 나누어
복용한다.

뽕나무겨우살이 꽃

170
📵상기생(桑寄生)
뽕나무겨우살이의 전초
맛은 쓰고 달며 성질은 미지근하다.
신장기능을 도와 허리와 다리가 무력하고 힘이 없는 데 쓴다.
부인의 자궁출혈, 임신 중 출혈과 신경통, 관절통 등에 쓴다.
味 苦 甘, 性 平. 活血通經, 風濕痺痛, 肝腎不足, 筋骨痿弱

98

▶용 법
물 1.5L에 자리공 뿌리
3~9g을 넣고 달인 물을 하루
중 여러 번 나누어 복용한다.
♣독이 있으므로 용량에
  주의해야 한다.

자리공 꽃

171
🍃**상륙**(商陸)
자리공의 뿌리
맛은 쓰다. 성질은 차며 독이 있다.
소변을 잘 못보고 전신이 붓거나 복수가 찬 데 쓴다.
味 苦. 性 寒·有毒. 利尿逐水, 消腫散結

▶용 법
물 1.5L에 뽕나무 뿌리껍질
10~15g을 넣고 달인 물을 하루
중 여러 번 나누어 복용한다.

뽕나무 꽃

172
🍃**상백피**(桑白皮)
뽕나무의 뿌리껍질
맛은 달고 성질은 차다.
폐의 열을 내려 기침과 천식, 급성 폐렴, 기관지염에 쓰며 이뇨작용이 있어
전신부종에 쓴다.
味 甘, 性 寒. 瀉肺平喘, 利尿消腫

▶용법
물 1.5L에 상수리나무 열매
30~60g을 넣고 달인 물을 하루
중 여러 번 나누어 복용한다.

상수리나무 열매

173
상실(橡實)
상수리나무의 열매

맛은 떫고 성질은 조금 따뜻하다.
오래된 설사, 이질과 장출혈, 치질출혈에 쓴다.

味 澀, 性 微溫. 澀腸脫固, 止瀉

▶용법
물 1.5L에 뽕나무 열매
10~15g을 넣고 달인 물을 하루
중 여러 번 나누어 복용한다.

뽕나무 열매

174
상심자(桑椹子)
뽕나무의 열매

맛은 달고 성질은 차다.
간장, 신장의 기능이 부족하여 오는 어지럼증, 시력감퇴 및 귀울림, 불면증
등에 쓴다.

味 甘, 性 寒. 補肝, 益腎, 熄風滋陰, 養血烏髮

▶용법
물 1.5L에 상황버섯(구멍쟁이
버섯) 자실체 10~20g을 넣고
달인 물을 하루 중 여러 번
나누어 복용한다.

175
상황(桑黃)
상황버섯(구멍쟁이버섯)의 자실체

상황버섯(구멍쟁이버섯)

맛은 달고 매우며 성질은 미지근하다.
대장출혈, 부인의 자궁에서 나오는 분비물과 탈항에 쓴다.
味 甘 辛, 性 平. 止血, 涼血, 女子崩中帶下, 脫肛

▶용법
물 1.5L에 지황 뿌리
10~20g을 넣고 달인 물을 하루
중 여러 번 나누어 복용한다.

176
생지황(生地黃)
지황의 뿌리

지황 꽃

맛은 달고 성질은 차다.
혈액순환을 잘 시켜주며 어혈을 풀어준다. 토혈과 코피를 그치게 하며 진액을 나게
한다.(말린 것은 건지황(乾地黃), 술에 담갔다가 찐 것은 숙지황(熟地黃)이라 한다).
味 甘, 性 寒. 清熱涼血, 養陰生律

▶용법
물 1.5L에 수박 껍질
10~20g을 넣고 달인 물을 하루
중 여러 번 나누어 복용한다.

수박 열매

177
서과(西瓜)
수박의 껍질

맛은 달고 성질은 차다.
성질이 찬 것을 이용하여 가슴이 답답하고 열이 나는 증상과 갈증이 있으면서
소변이 잘 나오지 않는 데 쓴다.
味 甘, 性 寒. 淸熱解毒, 止渴利尿

▶용법
물 1.5L에 떡쑥 전초
10~20g을 넣고 달인 물을 하루
중 여러 번 나누어 복용한다.

떡쑥 전초

178
서국초(鼠麴草)
떡쑥의 전초

맛은 달고 성질은 미지근하다.
해수천식, 기관지염 등으로 일어나는 기침과 감기로 인한 근육통과 열이 나는
데 쓴다. 불이초(佛耳草)라고도 한다.
味 甘, 性 平. 調中益氣, 止瀉, 痰嗽

▶용법
물 1.5L에 갈매나무 열매 5~15g을 넣고 달인 물을 하루 중 여러 번 나누어 복용한다.
♣독이 조금있으므로 용량에 주의해야 한다.

179
서리자(鼠李子)
갈매나무의 열매
맛은 쓰다. 성질은 조금 차며 독이 조금 있다.
전신이 붓고 복부가 더부룩하고 소변이 잘 나오지 않는 데 쓴다.
악창, 옴, 버즘 등 피부병에 외용한다. 우리자(牛李子)라고도 한다.
味 苦. 性 微寒 · 有小毒. 能下血, 治水腫滿, 淸熱, 疥癬

갈매나무 열매

▶용법
물 1.5L에 기장 씨 10~20g을 넣고 달인 물을 하루 중 여러 번 나누어 복용한다.
죽을 쑤어 먹기도 한다.

180
서미(黍米)
기장의 씨
맛은 달고 성질은 미지근하다.
비위를 도우므로 복통, 구토, 설사, 이질 등에 쓴다.
味 甘, 性 平. 霍亂, 止泄, 止煩渴, 補中益氣

기장 씨

▶용법
물 1.5L에 산해박 뿌리
4~10g을 넣고 달인 물을 하루
중 여러 번 나누어 복용한다.

산해박 꽃

181
🌿서장경(徐長卿)
산해박의 뿌리

맛은 맵고 성질은 따뜻하다.

피가 몰려 일어나는 여러 종류의 통증을 완화시키며 만성기관지염에 쓴다.

소변이 잘나오지 않고 몸에 부기가 있는 데 쓴다.

味 辛, 性 溫. 鎭痛, 止咳, 利水消腫

▶용법
물 1.5L에 석곡 지상부
5~10g을 넣고 달인 물을 하루
중 여러 번 나누어 복용한다.

석곡 꽃

182
🌿석곡(石斛)
석곡의 지상부

맛은 달고 성질은 조금 차다.

진액의 손상으로 목 안이 건조하고 혀가 마르며 가슴이 답답한 데 쓴다.

허리 기운이 약한 것을 보강하고 눈을 밝게 하는 데 쓴다.

味 甘, 性 微寒. 養胃生津, 明目, 强腰

▶용법
물 1.5L에 석류나무 열매껍질
4~12g을 넣고 달인 물을 하루
중 여러 번 나누어 복용한다.

석류나무 꽃

183
석류피(石榴皮)
석류나무의 열매껍질
맛은 시고 성질은 따뜻하다.
오래 된 이질, 설사와 장내의 기생충으로 인한 복통에 쓴다.
味 酸, 性 溫. 澁腸止瀉, 殺蟲

▶용법
물 1.5L에 말냉이 씨
15~30g을 넣고 달인 물을 하루
중 여러 번 나누어 복용한다.

말냉이 꽃

184
석명자(菥蓂子)
말냉이의 씨
맛은 맵고 성질은 따뜻하다.
눈이 충혈 되면서 통증이 있고 눈물이 흐르는 데 쓴다.
味 辛, 性 微溫. 目赤腫痛, 流出, 益精光

▶용 법
물 1.5L에 꽃무릇 비늘줄기
1~5g을 넣고 달인 물을 하루
중 여러 번 나누어 복용한다.
♣독이 있으므로 용량에
　주의해야 한다.

185
석산(石蒜)
꽃무릇의 비늘줄기

맛은 맵다. 성질은 따뜻하며 독이 있다.
인후염, 편두선염, 림프절염 등에 쓴다.
종독(腫毒), 종창(腫瘡)에 짓찧어 환부에 붙인다.
味 辛. 性 溫·有毒. 祛痰利尿, 解毒

꽃무릇 꽃

▶용 법
물 1.5L에 돌나물 전초
10~20g을 넣고 달인 물을 하루
중 여러 번 나누어 복용한다.

186
석상채(石上菜)
돌나물의 전초

돌나물 꽃

맛은 달고 성질은 서늘하다.
만성간염과 인후염 등에 쓴다. 열이 있으면서 소변이 잘 나오지 않는 데 쓴다.
수분초(垂盆草)라고도 한다.
味 甘, 性 凉. 淸熱消腫, 解毒

▶용법
물 1.5L에 석위 잎 5~10g을
넣고 달인 물을 하루 중 여러
번 나누어 복용한다.

187
🪣석위(石韋)
석위의 잎

맛은 쓰고 달며 성질은 조금 차다.

석위 전초

소변을 잘 못 보고 통증이 있거나 소변에 피가 섞여 나오는 데 쓴다.

진해 거담작용이 있어 만성기관지염에 쓴다.

味 苦 甘, 性 微寒. 利水通淋, 化痰止咳, 止血

▶용법
물 1.5L에 석창포 뿌리줄기
5~10g을 넣고 달인 물을 하루
중 여러 번 나누어 복용한다.

188
🪣석창포(石菖蒲)
석창포의 뿌리줄기

맛은 맵고 성질은 따뜻하다.

석창포 꽃

마음과 정신을 안정시키고 불면증에 쓴다.

인후염, 성대부종으로 음성이 변한 데 쓴다.

味 辛, 性 溫. 開竅安神, 化濕和胃

▶용법
물 1.5L에 금불초 꽃 4~12g을
넣고 달인 물을 하루 중 여러
번 나누어 복용한다.

189
🈂️선복화(旋覆花)
금불초의 꽃

금불초 꽃

맛은 쓰고 짜며 성질은 조금 따뜻하다.

구토를 그치게 하며 소화불량, 딸꾹질 등에 쓰고 기침, 가래에도 쓴다.

味 苦 鹹, 性 微溫. 消痰行水, 降氣止嘔

▶용법
물 1.5L에 선인장 줄기
8~20g을 넣고 달인 물을 하루
중 여러 번 나누어 복용한다.

190
선인장(仙人掌)
선인장의 줄기

선인장 꽃

맛은 쓰고 성질은 차다.

혈액순환을 촉진시키며 급·만성이질과 치질 출혈에 쓴다.

기관지천식 및 해수, 폐결핵 등에도 쓴다.

味 苦, 性 寒. 行氣活血, 淸熱解毒

▶용법
물 1.5L에 메꽃 뿌리
10~20g을 넣고 달인 물을 하루
중 여러 번 나누어 복용한다.

메꽃

191
선화근(旋花根)
메꽃의 뿌리

맛은 달고 성질은 따뜻하다.
혈압을 내리며 소변을 잘 못 보는 증상과 소화불량에 쓴다.
味 甘, 性 溫. 淸熱, 滋陰, 降壓

▶용법
물 1.5L에 깽깽이풀 뿌리
5~10g을 넣고 달인 물을 하루
중 여러 번 나누어 복용한다.

깽깽이풀 꽃

192
선황련(鮮黃連)
깽깽이풀의 뿌리

맛은 쓰고 성질은 차다.
입안이 허는 증상과 편도선염, 결막염, 장염, 복통, 설사 등에 쓴다.
味 苦, 性 寒. 淸熱解毒, 健胃止瀉, 治發熱, 煩躁

▶용 법
물 1.5L에 족도리풀 뿌리
10g을 넣고 달인 물을 하루 중
여러 번 나누어 복용한다.

족도리풀 꽃

193
ⓘ세신(細辛)
족도리풀의 뿌리

맛은 맵고 성질은 따뜻하다.
감기로 인한 두통, 오한, 발열과 코 막히고 콧물이 나는 증상 등에 쓴다.
味 辛, 性 溫. 祛風通竅, 溫寒解表, 發散風寒

▶용 법
물 1.5L에 조뱅이 전초
4~12g을 넣고 달인 물을 하루
중 여러 번 나누어 복용한다.

조뱅이 꽃

194
ⓘ소계(小薊)
조뱅이의 전초

맛은 달고 성질은 서늘하다.
지혈 작용이 있어 각혈, 토혈, 소변출혈, 자궁출혈 등에 쓴다.
味 甘, 性 涼. 涼血止血, 解毒消癰

소엽 잎

▶용법
물 1.5L에 소엽 잎
6~12g을 넣고 달인 물을 하루
중 여러 번 나누어 복용한다.

195
소엽(蘇葉)

소엽의 잎

맛은 맵고 성질은 따뜻하다.

감기로 오는 두통, 코 막힘, 땀이 나지 않는 증상에 쓰며 임신 중 태아와 산모를
보호하고 구토를 방지하는 데도 쓴다.

味 辛, 性 溫. 發表散寒, 行氣安胎

회향 새싹

▶용법
물 1.5L에 회향 씨 3~9g을
넣고 달인 물을 하루 중 여러
번 나누어 복용한다.

196
소회향(小茴香)

회향의 씨

맛은 맵고 성질은 따뜻하다.

하초(下焦)의 냉증을 없애고 신장 기능의 허약으로 인한 요통에 쓴다.

위장이 기운이 차서 일어나는 구토와 복통에도 쓴다.

味 辛, 性 溫. 散寒煖肝, 溫腎, 止痛, 理氣開胃

111

▶용법
물 1.5L에 조 씨 20~40g을
넣고 달인 물을 하루 중 여러
번 나누어 복용한다.
죽을 쑤어 먹기도 한다.

조 이삭

197

속미(粟米)

조의 씨

맛은 달고 짜며 성질은 조금 차다.

비위 허약, 소화불량, 구토, 설사, 이질 등에 쓴다.

味 甘 鹹, 性 涼. 和中, 益腎, 除熱解毒

▶용법
물 1.5L에 속수자 씨 1~2g을
넣고 달인 물을 하루 중 여러
번 나누어 복용한다.
♣독이 있으므로 용량에
　주의해야 한다.

속수자 꽃

198

🝙속수자(續隨子)

속수자의 씨

맛은 맵다. 성질은 따뜻하며 독이 있다.

설사와 이뇨작용이 강하므로 배가 심하게 부르고 소변을 잘 못 보는 증상에 쓴다.

味 辛. 性 溫·有毒. 瀉下逐水, 破血, 二便不利

▶용법
물 1.5L에 소나무 꽃가루
10g을 넣고 달인 물을 하루 중
여러 번 나누어 복용한다.

소나무 꽃

199
송화(松花)
소나무의 꽃가루
맛은 달고 성질은 따뜻하다.
비위가 허약하고 어지러운 증상과 오래된 이질에 쓴다.
味 甘, 性 溫. 祛風, 溫氣, 收濕, 止血

▶용법
물 1.5L에 미나리 전초
10~20g을 넣고 달인 물을 하루
중 여러 번 나누어 복용한다.
즙을 내어 먹기도 한다.

미나리 전초

200
수근채(水芹菜)
미나리의 전초
맛은 달고 맵다. 성질은 서늘하다.
독극물의 해독과 이뇨작용이 있어 전신이 부종에 쓴다.
味 甘 辛, 性 涼. 淸熱利水, 小便不利, 水腫

113

▶용 법
물 1.5L에 수련 꽃 8~15g을
넣고 달인 물을 하루 중 여러
번 나누어 복용한다.

수련 꽃

201
수련(睡蓮)
수련의 꽃

맛은 달고 성질은 차다.
여름 더위를 잊게 하고 술독을 풀어주는 데 쓴다.

味 甘, 性 寒. 淸署, 解醒

수선화 꽃

202
수선근(水仙根)
수선화의 비늘줄기

맛은 쓰다. 성질은 차며 독이 조금 있다.
유선염, 창독, 벌레물린 상처에 수선화 뿌리를 짓찧어 붙이거나 즙을 내어 바르
는 데 쓴다. 독이 있어 복용을 금한다.

味 苦. 性 寒 · 有小毒. 治癰疽瘡毒, 排膿消腫

114

밤무 전초

▶용법
물 1.5L에 뱀무 전초
10~20g을 넣고 달인 물을 하루
중 여러 번 나누어 복용한다.

203
수양매(水楊梅)
뱀무의 전초

맛은 맵고 성질은 따뜻하다.
열을 내리게 하고 해독을 시키며 치통, 외상출혈, 습진에 쓴다.
세균성이질, 장염에 쓴다.

味 辛, 性 溫. 淸熱解毒, 痢疾, 皮膚濕疹

▶용법
물 1.5L에 여뀌 전초 5~10g을
넣고 달인 물을 하루 중 여러
번 나누어 복용한다.

204
수료(水蓼)
여뀌의 전초

여뀌 꽃

맛은 맵고 성질은 미지근하다.
이뇨작용이 있어 전신이 붓고 소변을 잘 못 보는 증상을 낫게 하고 여름철
식중독에 쓴다.

味 辛, 性 平. 利中, 下氣, 殺蟲, 吐瀉轉筋

115

▶용 법
물 1.5L에 촛대승마 뿌리줄기
5~10g을 넣고 달인 물을 하루
중 여러 번 나누어 복용한다.

205
⚕승마(升麻)
촛대승마의 뿌리줄기

맛은 맵고 달며 성질은 조금 차다.

촛대승마 꽃

감기로 인한 발열과 두통을 다스리고 상승작용이 있어 탈항, 자궁하수, 위하수
등에 쓴다.

味 辛 甘, 性 微寒. 淸熱解毒, 升陽擧

▶용 법
물 1.5L에 감나무 열매꽃받침
10~15g을 넣고 달인 물을
하루 중 여러 번 나누어
복용한다.

206
⚕시체(柿蔕)
감나무의 열매꽃받침

맛은 쓰고 성질은 미지근하다.

감나무 열매

딸꾹질에 효과가 있고 야뇨증(夜尿症)에 쓴다.

味 苦, 性 平. 降氣, 噯氣止呃

▶**용법**
물 1.5L에 시호 뿌리 5~10g을
넣고 달인 물을 하루 중 여러
번 나누어 복용한다.

207
🌿시호(柴胡)
시호의 뿌리

시호 꽃

맛은 쓰고 매우며 성질은 조금 차다.
으슬으슬 추웠다가 더워지며 가슴과 옆구리가 답답하고 입 안이 쓰며 어지러운
증상 등에 쓴다.
味 苦 辛, 性 微寒. 和解退熱, 疏肝解鬱, 寒熱往來

▶**용법**
물 1.5L에 갯기름나물 뿌리
10~15g을 넣고 달인 물을 하루
중 여러 번 나누어 복용한다.

208
🌿식방풍(植防風)
갯기름나물의 뿌리

갯기름나물 새싹

맛은 맵고 달며 성질은 조금 따뜻하다.
열이 나고 전신이 아프며 두통, 인후통과 사지 관절통 등에 쓴다.
味 辛 甘, 性 微溫. 祛風解表, 除濕止痛

▶용법
물 1.5L에 백목련 꽃봉오리
10~15g을 넣고 달인 물을 하루
중 여러 번 나누어 복용한다.

백목련 꽃

209
🍶신이(辛夷)
백목련의 꽃봉오리
맛은 맵고 성질은 따뜻하다.
축농증으로 코가 막히고 콧물이 흐르면서 냄새를 잘 맡지 못하고 머리가 아픈
데 쓴다.
味 辛, 性 溫. 散風寒, 通鼻竅

▶용법
물 1.5L에 아마 씨 5~10g을
넣고 달인 물을 하루 중 여러
번 나누어 복용한다.

아마 꽃

210
🍶아마(亞麻)
아마의 씨
맛은 달고 성질은 미지근하다.
피부가 건조하면서 가려운 증상과 옴, 악창(惡瘡)에 쓰고 변비에도 쓴다.
味 甘, 性 平. 潤燥, 祛風, 脫髮, 便秘

▶용법
물 1.5L에 시로미 열매
10~15g을 넣고 달인 물을 하루
중 여러 번 나누어 복용한다.

시로미 열매

211
암고자(巖高子)
시로미의 열매
맛은 달고 성질은 서늘하다.
강장효능이 있어 신체가 허약한 데 쓴다.
갈증을 풀어주고 당뇨병과 식욕부진, 소화불량에 쓴다.
味 甘, 性 涼. 止渴生津, 消化不良

▶용법
물 1.5L에 닭의장풀 전초
15~20g을 넣고 달인 물을 하루
중 여러 번 나누어 복용한다.

닭의장풀 꽃

212
압척초(鴨跖草)
닭의장풀(달개비)의 전초
맛은 쓰고 달며 성질은 차다.
열을 내리고 몸이 붓고 소변을 잘 못 보는 데 쓴다.
민가에서 당뇨병에 쓰기도 한다.
味 甘 苦, 性 寒. 淸熱解毒, 利尿通淋

▶용법
물 1.5L에 약쑥 전초
10~20g을 넣고 달인 물을 하루
중 여러 번 나누어 복용한다.

213
애엽(艾葉)
약쑥의 전초

약쑥 전초

맛은 쓰고 매우며 성질은 따뜻하다.
하복부가 허약하고 차서 일어나는 자궁출혈과 임신출혈 및 생리불순, 설사 등에
쓴다.
味 苦 辛, 性 溫. 溫經止血, 散寒止痛

▶용법
물 1.5L에 앵두나무 열매
20~30g을 넣고 달인 물을 하루
중 여러 번 나누어 복용한다.

214
앵도(櫻桃)
앵두나무의 열매

앵두나무 열매

맛은 달고 매우며 성질은 미지근하다.
이질과 설사를 그치게 하고 기운을 도우며 유정에 쓴다.
味 甘 辛, 性 平. 益氣, 固精, 補中益氣, 四肢麻木不仁

▶용법
마약법에 의하여 유통을
금지한다.

215
앵속각 (罌粟殼)
양귀비의 열매껍질

맛은 시고 떫으며 성질은 미지근하다.

오래된 설사, 이질을 낮게 하고 기침하는 데 쓴다.

강한 진통효과가 있어 근육통, 위통 등 격렬한 통증에 쓴다.

味 酸 澁, 性 平. 斂肺, 澁腸, 止痛

양귀비 꽃

▶용법
물 1.5L에 앵초 뿌리 5~10g을
넣고 달인 물을 하루 중 여러
번 나누어 복용한다.

216
앵초근 (櫻草根)
앵초의 뿌리

맛은 달고 성질은 미지근하다.

해수를 멈추게 하고 담(痰)을 삭이는 효능이 있어 해수 천식에 쓴다.

味 甘, 性 平. 止咳化痰, 治痰喘咳嗽

앵초 꽃

물 1.5L에 비수리 지상부
10~30g을 넣고 달인 물을 하루
중 여러 번 나누어 복용한다.

비수리 꽃

217
야관문(夜關門)
비수리의 지상부

맛은 맵고 쓰며 성질은 서늘하다.
간과 신장의 기능을 도와 유정(遺精), 소변을 자주 보는 데 쓴다.
눈을 밝게 하는 데 쓴다.
味 辛 苦, 性 凉. 補肝腎, 益肺陰, 明目, 利水

▶용법
물 1.5L에 산국 꽃봉오리
10~15g을 넣고 달인 물을 하루
중 여러 번 나누어 복용한다.

산국 꽃

218
야국(野菊)
산국의 꽃봉오리

맛은 쓰고 매우며 성질은 조금 차다.
눈이 충혈 되고 어지러운 데와 머리를 맑게 하는 데 쓴다.
해독작용이 있으며 혈압을 내리게 하는 데 쓴다.
味 苦 辛, 性 微寒. 明目清熱, 解毒, 治頭目眩昏

122

▶**용 법**
물 1.5L에 활나물 전초 10~20g을 넣고 달인 물을 하루 중 여러 번 나누어 복용한다.

활나물 꽃

219
야백합(野百合)
활나물의 전초

맛은 쓰고 성질은 미지근하다.
열을 내리며 독을 풀어 준다. 소변이 잘 나오지 않는 증상과 이질에 쓴다.
항암작용이 있는 것으로 알려져 있다.
味 苦, 性 平. 解毒, 抗癌, 痢疾

토란 전초

220
야우(野芋)
토란의 덩이줄기

맛은 쓰다. 성질은 차며 독이 있다.
유방염 또는 벌레에 물린 데 즙을 내어 붙인다.
味 苦, 性 寒 · 有毒. 乳癰, 腫毒

▶용법
물 1.5L에 산초나무 씨껍질
10g을 넣고 달인 물을 하루중
여러번 나누어 복용한다.

산초나무 꽃

221
야초(野椒)
산초나무의 씨껍질

맛은 맵고 성질은 따뜻하다.
복부를 따뜻하게 해주므로 복부냉증을 없애주고 구토와 설사를 그치게 한다.
회충, 간디스토마에도 쓴다.

味 辛, 性 溫. 溫中散寒, 燥濕殺蟲

▶용법
물 1.5L에 비름 전초
10~20g을 넣고 달인 물을 하루
중 여러 번 나누어 복용한다.

비름 꽃

222
야현(野莧)
비름의 전초

맛은 달고 성질은 서늘하다.
열을 내리고 해독하는 효능이 있다.
이질, 급성유선염, 치질 등과 눈을 밝게 하는 데 쓴다.

味 甘, 性 凉. 淸熱, 利竅, 利尿, 明目, 解毒

▶용법
물 1.5L에 소리쟁이 뿌리
10~15g을 넣고 달인 물을 하루
중 여러 번 나누어 복용한다.

소리쟁이 꽃

223
ⓞ양제근(羊蹄根)
소리쟁이의 뿌리

맛은 쓰고 성질은 차다.

지혈작용이 있어 코피, 토혈, 각혈, 대변출혈, 자궁출혈 등에 쓰고 변비에도 쓴다.

味 苦, 性 寒. 凉血止血, 通便

▶용법
물 1.5L에 양하 뿌리줄기
10~20g을 넣고 달인 물을 하루
중 여러 번 나누어 복용한다.

양하 꽃

224
양하(蘘荷)
양하의 뿌리줄기

맛은 맵고 성질은 따뜻하다.

몸이 차가워서 일어나는 생리불순과 노인성 해수, 천식에 쓴다.

味 辛, 性 溫. 活血調經, 鎭咳祛痰

▶용법
물 1.5L에 약모밀 전초
10~20g을 넣고 달인 물을 하루
중 여러 번 나누어 복용한다.

약모밀 꽃

225
⚘어성초(魚腥草)
약모밀의 전초
맛은 맵고 쓰며 성질은 조금 차다.
열을 내리고 고름을 배출시킨다.
폐농양으로 인한 기침과 피고름을 토해낼 때에 탁월한 효과가 있다.
味 辛 苦, 性 微寒. 淸熱解毒, 排膿, 利尿通淋

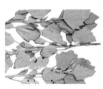

▶용법
물 1.5L에 명아주 전초
10~20g을 넣고 달인 물을 하루
중 여러 번 나누어 복용한다.

명아주 전초

226
여(藜)
명아주의 전초
맛은 달고 성질은 미지근하다.
이질과 복통, 설사에 쓰고 독충에 물렸을 때 외용한다.
味 甘, 性 平. 淸熱利濕, 殺蟲

126

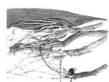

▶**용 법**
물 1.5L에 박새 뿌리줄기
1~2g을 넣고 달인 물을 하루
중 여러 번 나누어 복용한다.
♣독이 있으므로 용량에
　주의해야 한다.

227
🍵**여로**(藜蘆)
박새의 뿌리줄기

박새 전초

맛은 맵고 쓰다. 성질은 차고 독이 있다.
중풍, 인후마비 등에 가래를 토해내려고 할 때 쓴다. 옴, 버짐 등 피부병에 외용
한다. 산마늘로 오인하는 경우가 많으므로 주의를 요한다.
味 辛 苦. 性 寒 · 有毒. 涌吐, 殺蟲

▶**용 법**
물 1.5L에 사위질빵 줄기
10~15g을 넣고 달인 물을 하루
중 여러 번 나누어 복용한다.

228
여위(女萎)
사위질빵의 줄기

사위질빵 꽃

맛은 맵고 성질은 따뜻하다.
임신 중 전신이 붓는 증상과 근육과 뼈마디가 쑤시고 아픈 증상에 쓴다.
味 辛, 性 溫. 姙婦浮腫, 筋骨疼痛

127

▶용 법
물 1.5L에 광나무 열매
10~20g을 넣고 달인 물을 하루
중 여러 번 나누어 복용한다.

광나무 열매

229
🍵여정실(女貞實)
광나무의 열매

맛은 달고 쓰며 성질은 서늘하다.
정력을 도우며 허리와 무릎이 약하고 머리카락이 일찍 희어지는 데 쓴다.
고지혈증에도 쓴다.

味 甘 苦, 性 凉. 補肝益腎, 淸熱明目

▶용 법
물 1.5L에 배암차즈기 전초
5~20g을 넣고 달인 물을 하루
중 여러 번 나누어 복용한다.

배암차즈기 전초

230
여지초(荔枝草)
배암차즈기의 전초

맛은 맵고 성질은 서늘하다.
부종을 가라앉히고 소변이 잘 나오게 한다. 지혈작용이 있어 토혈, 비혈,
자궁출혈, 치질출혈에 쓴다. 민가에서는 천식에 쓴다.

味 辛, 性 凉. 凉血利水, 解毒, 止血

▶용법
물 1.5L에 개양귀비 전초
10~20g을 넣고 달인 물을 하루
중 여러 번 나누어 복용한다.

231
여춘화(麗春花)
개양귀비의 전초

맛은 쓰고 조금 매우며 성질은 조금 따뜻하다.

기침을 다스리며 설사와 이질에 쓴다.

味 苦 微辛, 性 微溫. 鎭咳, 泄瀉, 痢疾

개양귀비 꽃

▶용법
물 1.5L에 의성개나리 열매
10~20g을 넣고 달인 물을 하루
중 여러 번 나누어 복용한다.

232
연교(連翹)
의성개나리의 열매

맛은 쓰고 성질은 조금 차다.

항균 항염증작용이 있어 맹장염, 폐농양, 인후염, 편도선염 등에 쓴다.

味 苦, 性 微寒. 淸熱解毒, 消癰散結

의성개나리 꽃

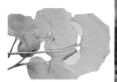

▶용법
물 1.5L에 털머위 전초
10~15g을 넣고 달인 물을 하루
중 여러 번 나누어 복용한다.

233
연봉초(連蓬草)
털머위의 전초

맛은 맵고 성질은 따뜻하다.

털머위 꽃

감기와 인후염에 쓰며 종기에 짓찧어 외용한다.
열을 내리고 해독하고 부기를 가라앉히며 통증에 쓴다.
味 辛, 性 溫. 淸熱解毒, 活血

▶용법
물 1.5L에 연꽃 씨 10~20g을
넣고 달인 물을 하루 중 여러
번 나누어 복용한다.

234
연자육(蓮子肉)
연꽃의 씨

맛은 달고 성질은 미지근하다.

연꽃

비장의 기능이 허약하여 설사를 할 때와 신장 기능이 약하여 유정, 몽정을 하는
데 쓴다. 가슴이 뛰고 잘 놀라며 잠을 못 자는 증상에 쓴다.
味 甘, 性 平. 補脾止瀉, 益腎固精, 養心安神

130

▶용 법
물 1.5L에 긴병꽃풀 지상부
15~20g을 넣고 달인 물을 하루
중 여러 번 나누어 복용한다.

235
🔖연전초(連錢草)
긴병꽃풀의 지상부

긴병꽃풀 꽃

맛은 조금 달고 성질은 차다.
소변을 잘 나오게 하여 전신부종에 쓴다.
이담작용이 있어 간세포의 담즙분비를 촉진시킨다.

味 微甘, 性 寒. 利水通淋, 淸火濕熱, 解毒消腫

▶용 법
물 1.5L에 초종용 전초
5~10g을 넣고 달인 물을 하루
중 여러 번 나누어 복용한다.

236
🔖열당(列當)
초종용의 전초

초종용 전초

맛은 달고 성질은 따뜻하다.
남성의 성기능을 도우는 작용이 있어 음위, 유정에 쓴다.
허리가 아프고 다리에 힘이 없을 때도 쓴다.

味 甘, 性 溫 補腎, 强筋, 益精, 陽痿

131

▶용 법
물 1.5L에 은방울꽃 뿌리 5g을
넣고 달인 물을 하루 중 여러
번 나누어 복용한다.
♣독이 있으므로 용량에
  주의해야 한다.

237
영란(鈴蘭)
은방울꽃의 뿌리

은방울꽃

맛은 달고 쓰다. 성질은 따뜻하며 독이 있다.
이뇨작용이 있어 전신 부종에 쓰며 혈액순환을 잘 되게 한다.
味 甘 苦. 性 溫 · 有毒. 强心利水, 活血祛風, 滋陰理氣

▶용 법
물 1.5L에 찔레꽃 열매 10~15g
을 넣고 달인 물을 하루 중 여
러 번 나누어 복용한다.

찔레꽃

238
영실(營實)
찔레꽃의 열매

맛은 시고 성질은 서늘하다.
노인이 소변을 잘 못 보는 때와 전신이 부었을 때 쓰며 불면증에 쓴다.
味 酸. 性 涼. 利水除熱, 活血解毒

▶용법
물 1.5L에 영지 자실체
10~15g을 넣고 달인 물을
하루 중 여러 번
나누어 복용한다.

영지버섯

239
🌿영지(靈芝)
영지의 자실체
맛은 쓰고 성질은 서늘하다.
신체허약에 정기를 증강시키고 잠이 잘 오지 않고 꿈을 많이 꾸는 데 쓴다.
味 苦, 性 凉. 虛勞, 不眠, 消食, 勞咳, 吐血

▶용법
물 1.5L에 오갈피나무 줄기껍
질 10~20g을 넣고 달인 물을
하루 중 여러 번 나누어 복용
한다.

오갈피나무 열매

240
🌿오가피(五加皮)
오갈피나무의 줄기껍질
맛은 맵고 쓰며 성질은 따뜻하다.
간장, 신장을 돕는 보약으로 근육과 골격을 튼튼하게 한다.
허리와 무릎이 약하고 힘이 없는 데 쓴다.
味 辛 苦, 性 溫. 祛風濕, 强筋骨, 腰膝疼痛

▶용법
물 1.5L에 벽오동 열매
5~10g을 넣고 달인 물을 하루
중 여러 번 나누어 복용한다.

벽오동 꽃

241
오동자(梧桐子)
벽오동의 열매
맛은 달고 성질은 미지근하다.
음식을 잘못 먹어 생기는 복통과 설사에 쓴다.
흰 머리카락을 검게 하는 데 하수오, 숙지황, 흑지마와 같이 쓴다.
味 甘, 性 平. 順氣, 活血, 消食, 淸熱解毒

▶용법
물 1.5L에 매화나무 덜익은
열매를 훈증한 것 10~20g을
넣고 달인 물을 하루 중 여러
번 나누어 복용한다.

매화나무 열매

242
오매(烏梅)
매화나무의 덜 익은 열매를 훈증한 것
맛은 시고 성질은 따뜻하다.
오래된 기침과 설사를 낫게 하고 진액이 부족하여 입이 마르고 가슴이 답답한
증상에 쓴다.
味 酸, 性 溫. 斂肺, 澁腸, 生津, 久咳不止

▶용법
물 1.5L에 오미자 열매
5~15g을 넣고 달인 물을 하루
중 여러 번 나누어 복용한다.

243
🥄오미자(五味子)
오미자의 열매

맛은 시고 성질은 따뜻하다.

오미자 열매

폐기능을 도와 천식과 해수에 쓴다. 소변을 자주 보는 증상과 오래된 이질,
설사에 쓴다. 5가지 맛(쓴, 짠, 매운, 단, 신)이 난다고 오미자라 한다.

味 酸, 性 溫. 斂肺滋腎, 生津斂汗, 久瀉不止

▶용법
물 1.5L에 붉나무 벌레집
5~10g을 넣고 달인 물을 하루
중 여러 번 나누어 복용한다.

244
🥄오배자(五倍子)
붉나무의 벌레집

맛은 짜고 성질은 차다.

붉나무 열매

오래된 해수와 이질, 탈항에 쓴다.

지혈작용이 있어 자궁출혈과 코피를 그치게 하고 피부병에 외용한다.

味 鹹, 性 寒. 斂肺, 澁腸, 止血, 解毒

135

▶용법
물 1.5L에 올방개 알뿌리
10~20g을 넣고 달인 물을 하루
중 여러번 나누어 복용한다.

올방개 꽃

245
오우(烏芋)
올방개의 알뿌리

맛은 쓰고 달며 성질은 조금 차다.
눈과 귀를 밝게 하며 갈증을 풀어 주고 황달에 쓴다.
味 苦 甘, 性 微寒. 除胸胃熱, 治黃疸, 止消渴, 明耳目

▶용법
물 1.5L에 비비추 꽃 5~10g을
넣고 달인 물을 하루 중 여러
번 나누어 복용한다.

비비추 꽃

246
옥잠화(玉簪花)
비비추의 꽃

맛은 달고 성질은 서늘하다.
열이 있으면서 소변을 잘 못 보는 데 쓴다.
후두염, 편도선염에 쓴다.
味 甘, 性 凉. 咽喉腫痛, 小便不利

▶용법
물 1.5L에 옥수수 수염
10~20g을 넣고 달인 물을 하루
중 여러 번 나누어 복용한다.

247
🫚**옥촉서예**(玉蜀黍蕊)

옥수수의 수염

맛은 달고 성질은 미지근하다.

몸이 붓고 소변이 잘나오지 않는 데 쓴다.

혈압강하작용이 있어 고혈압에 쓴다.

味 甘, 性 平. 利水消腫, 通淋

옥수수 수염

▶용법
물 1.5L에 상추 씨 5~10g을
넣고 달인 물을 하루 중 여러
번 나누어 복용한다.

248
와거(萵苣)

상추의 씨

맛은 달고 쓰며 성질은 서늘하다.

상추 꽃

소변을 못 보거나 출혈이 있을 때 쓰며 산후에 젖이 부족할 때 쓴다.

味 甘 苦, 性 凉. 小便不利, 乳汁不通

▶용법
물 1.5L에 바위솔 전초
5~10g을 넣고 달인 물을 하루
중 여러 번 나누어 복용한다.

249
📿와송(瓦松)
바위솔의 전초

바위솔 전초

맛은 시고 쓰며 성질은 서늘하다.
지혈작용이 있어 토혈, 코피, 이질출혈, 장출혈, 자궁출혈 등에 쓴다.
민가에서는 항암제로 짓찧어 즙을 내어 복용하기도 한다.

味 酸 苦, 性 涼. 淸熱解毒, 利濕止痛, 通絡止血

▶용법
물 1.5L에 장구채 지상부
10~15g을 넣고 달인 물을 하루
중 여러 번 나누어 복용한다.

장구채 꽃

250
📿왕불류행(王不留行)
장구채의 지상부

맛은 쓰고 성질은 미지근하다.
부인의 생리불순, 생리통에 쓴다. 산후에 젖이 부족할 때와 유방염에도 쓰며 이뇨작용이 있어 소변이 잘 나오지 않거나 몸이 붓는 데 쓴다.

味 苦, 性 平. 活血通經, 下乳

▶용법
물 1.5L에 까마중 전초
10~15g을 넣고 달인 물을 하루
중 여러 번 나누어 복용한다.

까마중 열매

251
용규(龍葵)
까마중의 전초

맛은 조금 쓰고 성질은 차다.
인후염, 종기, 피부가려움증에 내복하거나 외용한다.
열을 동반한 배뇨장애와 몸이 붓는 증상에도 쓴다.
味 微苦, 性 寒. 淸熱解毒, 活血消腫, 利尿通淋

▶용법
물 1.5L에 용담 뿌리
5~10g을 넣고 달인 물을 하루
중 여러 번 나누어 복용한다.

용담 꽃

252
용담(龍膽)
용담의 뿌리

맛은 쓰고 성질은 차다.
황달, 이질, 음부가려움증, 대하, 습진 등에 쓴다.
입 안이 쓰고 눈이 충혈 될 때에도 쓴다.
味 苦, 性 寒. 淸熱燥濕, 瀉肝定驚

▶용법
물 1.5L에 짚신나물 전초
10~15g을 넣고 달인 물을 하루
중 여러 번 나누어 복용한다.

짚신나물 꽃

253
🌿용아초(龍牙草)
짚신나물의 전초
맛은 쓰고 성질은 서늘하다.
수렴성 지혈제로 각혈, 토혈, 소변출혈, 변혈, 자궁출혈 등에 쓴다.
味 苦, 性 涼. 止血, 健脾, 殺蟲

▶용법
물 1.5L에 타래난초 전초
10~20g을 넣고 달인 물을 하루
중 여러 번 나누어 복용한다.

타래난초 꽃

254
용포(龍抱)
타래난초의 전초
맛은 달고 쓰며 성질은 미지근하다.
신체허약 및 병후허약에 쓴다.
해수, 편도선염, 인후염에 쓴다.
味 甘 苦, 性 平. 補陰, 解熱, 鎭咳, 消腫解毒

▶용법
물 1.5L에 우엉 씨 10~20g을
넣고 달인 물을 하루 중 여러
번 나누어 복용한다.

우엉 꽃

255
🌿**우방자**(牛蒡子)
우엉의 씨

맛은 맵고 쓰며 성질은 차다.

해열 해독작용이 있어 인후염, 편도선염 등에 쓴다.

폐열로 기침이 나고 가래가 나오는 데 쓴다.

味 辛 苦, 性 寒. 咽喉腫痛, 疏風淸熱, 祛痰止咳

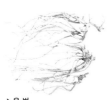

▶용법
물 1.5L에 쇠무릎 뿌리
10~20g을 넣고 달인 물을 하루
중 여러 번 나누어 복용한다.

쇠무릎 꽃

256
🌿**우슬**(牛膝)
쇠무릎의 뿌리

맛은 쓰고 시며 성질은 미지근하다.

피가 뭉친 것을 제거하는 힘이 강하여 생리통과 산후복통, 타박상 등에 쓰며

근육과 골격을 튼튼하게 해주며 관절염 등에 쓴다.

味 苦 酸, 性 平. 活血祛瘀, 補肝腎, 强筋骨, 通經

▶용법
물 1.5L에 이스라지 열매속의
씨 10~15g을 넣고 달인 물을
하루 중 여러 번 나누어
복용한다.

257
욱리인(郁李仁)
이스라지의 열매속의 씨

맛은 맵고 쓰며 성질은 미지근하다.
대장에 기운이 몰려 일어나는 변비, 특히 노인성변비와 산후변비에 쓴다.
味 辛 苦, 性 平. 潤燥滑腸, 下氣, 利水

이스라지 열매

▶용법
물 1.5L에 유채 씨 10~15g을
넣고 달인 물을 하루 중 여러
번 나누어 복용한다.

258
운대자(蕓薹子)
유채의 씨

맛은 맵고 성질은 따뜻하다.
산후에 어혈이 풀리지 않을 때와 변비에 쓴다.
味 辛, 性 溫. 活血化瘀, 潤腸通便

유채 꽃

▶용법
물 1.5L에 팥꽃나무 꽃봉오리
1.5~3g을 넣고 달인 물을 하루
중 여러 번 나누어 복용한다.
♣독이 있으므로 용량에
　주의해야 한다.

259
🌿원화(芫花)
팥꽃나무의 꽃봉오리

팥꽃나무 꽃

맛은 맵다. 성질은 따뜻하며 독이 있다.
옆구리가 아프고 해수, 천식을 다스리며 배에 물이 차서 부풀어 오르는 데 쓴다.
피부병(마른버짐, 건선) 등에 달인 물로 씻기도 한다.
味 辛. 性 溫 · 有毒.　瀉水遂飮, 瘡癬

▶용법
물 1.5L에 달맞이꽃 씨
10~20g을 넣고 달인 물을 하루
중 여러 번 나누어 복용한다.

260
월견초(月見草)
달맞이꽃의 씨

달맞이꽃

맛은 맵고 성질은 따뜻하다.
감기로 인한 인후염, 편도선염에 쓴다.
기름을 짜서 당뇨병에 쓰기도 하며 고지혈증에 쓴다.
味 辛, 性 溫.　解熱, 消腫

▶용법
물 1.5ℓ에 으아리 뿌리
10~15g을 넣고 달인 물을 하루
중 여러 번 나누어 복용한다.

으아리 꽃

261
위령선(威靈仙)
으아리의 뿌리

맛은 맵고 성질은 따뜻하다.
관절염, 사지마비, 요통, 근육통 및 타박상으로 생긴 통증 등에 쓴다.
味 辛, 性 溫. 祛風濕, 通經絡, 止痺痛

▶용법
물 1.5ℓ에 딱지꽃 전초
10~15g을 넣고 달인 물을 하루
중 여러 번 나누어 복용한다.

딱지꽃

262
위릉채(萎陵菜)
딱지꽃의 전초

맛은 쓰고 성질은 차다.
지혈작용이 있어 대변출혈, 자궁출혈, 코피, 토혈 등과 설사에 쓴다.
味 苦, 性 寒. 淸熱解毒, 凉血止血

▶용법
물 1.5L에 둥굴레 뿌리줄기
15~20g을 넣고 달인 물을 하루
중 여러 번 나누어 복용한다.

둥굴레 꽃

263
위유(葳蕤)
둥굴레의 뿌리줄기
맛은 달고 성질은 미지근하다.
폐의 기능을 도와 가슴이 답답하고 기침을 하거나 입안이 건조한 데 쓴다. 위(胃)의 기능을 도와 오래도록 복용하면 얼굴색이 밝아지고 윤택이 난다. 옥죽(玉竹)이라고도 한다.
味 甘, 性 平. 滋陰潤肺, 養胃生津

▶용법
물 1.5L에 느릅나무 껍질
10~20g을 넣고 달인 물을 하루
중 여러 번 나누어 복용한다.

느릅나무 열매

264
유백피(榆白皮)
느릅나무의 껍질
맛은 달고 성질은 미지근하다.
소변을 잘 못 보는 증상에 쓰며 종기, 악창, 옴, 버짐, 단독(丹毒)등에 내복하거나 외용한다. 민가에서는 항암제로 쓴다.
味 甘, 性 平. 利水通淋, 消腫

145

▶용 법
물 1.5L에 유자나무 열매껍질
6~9g을 넣고 달인 물을 하루
중 여러 번 나누어 복용한다.

유자나무 열매

265
유자피(柚子皮)
유자나무의 열매껍질

맛은 맵고 성질은 서늘하다.
소화불량에 쓰며 설사와 소아천식에도 쓴다.

味 甘, 性 涼. 消食和胃, 寬中理氣

▶용 법
물 1.5L에 밤나무 열매
10~20g을 넣고 달인 물을 하루
중 여러 번 나누어 복용한다.

밤나무 열매

266
율자(栗子)
밤나무의 열매

맛은 달고 성질은 따뜻하다.
위장을 튼튼하게 하며 설사를 그치게 한다. 신장의 기능을 도와 요통, 다리
무력증 등에 쓴다. 건율(乾栗)이라고도 한다.

味 甘, 性 溫. 健脾, 補腎强筋, 活血, 止血

146

▶용법
물 1.5L에 환삼덩굴 지상부
10~15g을 넣고 달인 물을 하루
중 여러 번 나누어 복용한다.

267
🌱**율초**(葎草)
환삼덩굴의 지상부

환삼덩굴 씨

맛은 달고 쓰며 성질은 차다.
열로 인한 피부 가려움증, 종창, 습진 등에 쓴다.
소변을 잘 나오게 하며 고혈압에도 쓴다.
味 甘 苦, 性 寒. 淸熱解毒, 利尿, 退虛熱

▶용법
물 1.5L에 홀아비꽃대 전초
5~10g을 넣고 달인 물을 하루
중 여러 번 나누어 복용한다.

268
은선초(銀線草)
홀아비꽃대의 전초

홀아비꽃대 꽃

맛은 맵고 쓰며 성질은 따뜻하다.
타박상으로 인해 피가 뭉친 것을 풀어 주고 해수와 기침에 쓴다.
味 辛 苦, 性 溫. 燥濕化痰, 活血祛瘀, 治風損跌打

147

▶용법
물 1.5L에 대나물 뿌리
5~10g을 넣고 달인 물을 하루
중 여러 번 나누어 복용한다.

대나물 전초

269
🌿 은시호(銀柴胡)
대나물의 뿌리

맛은 달고 성질은 서늘하다.
과로로 인하여 열이 나고 뼛골이 쑤시고 식은땀이 나는 데 쓴다.
味 甘, 性 凉. 凉血, 退虛熱, 盜汗

▶용법
물 1.5L에 삼지구엽초 지상부
5~15g을 넣고 달인 물을 하루
중 여러 번 나누어 복용한다.

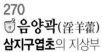

삼지구엽초 꽃

270
🌿 음양곽(淫羊藿)
삼지구엽초의 지상부

맛은 맵고 달며 성질은 따뜻하다.
신장기능을 도와 발기부전, 유정, 허리와 무릎의 연약과 무력증 등에 쓴다.
소변을 자주 보며 시원하지 않는 데 쓴다.
味 辛 甘, 性 溫. 補腎壯陽, 祛風除濕, 小便頻數

148

▶용법
물 1.5L에 율무 씨
20~80g을 넣고 달인 물을 하루
중 여러 번 나누어 복용한다.

율무 꽃

271
🥤**의이인**(薏苡仁)
율무의 씨

맛은 달고 성질은 조금 차다.
비위 허약으로 음식을 많이 먹지 못하는 증상과 설사에 쓰이며 사지마비동통과
근육이 땅기어 아픈 증상에 쓴다. 사마귀에 쓴다.
味 甘, 性 微寒. 利濕健脾, 除痹, 清熱排膿

▶용법
물 1.5L에 배나무 열매
20~30g을 넣고 달인 물을 하루
중 여러 번 나누어 복용한다.

배나무 열매

272
이(梨)
배나무의 열매

맛은 달고 성질은 미지근하다.
갈증을 풀어 주고 해열, 진해작용을 하며 대·소변을 잘 못 보는 증상에 쓴다.
味 甘, 性 平. 生津潤燥, 清熱化痰

▶용법
물 1.5L에 자두나무 열매속의
씨 6~15g을 넣고 달인 물을
하루 중 여러 번 나누어
복용한다.

273
이핵인(李核仁)
자두나무의 열매속의 씨

자두나무 열매

맛은 달고 성질은 미지근하다.
혈액순환을 촉진시키고 어혈을 풀어 타박상에 의한 부종 또는 생리불순,
생리통에 쓴다.
味 甘, 性 平. 瘀血骨痛, 潤燥滑腸, 治跌打損傷

▶용법
물 1.5L에 익모초 지상부
5~20g을 넣고 달인 물을 하루
중 여러 번 나누어 복용한다.

274
익모초(益母草)
익모초의 지상부

익모초 꽃

맛은 쓰고 매우며 성질은 조금 차다.
부인과 질환에 사용하는 약으로 생리불순과 생리통, 산후복통 등에 쓴다.
味 苦 辛, 性 微寒. 活血祛瘀, 利尿消腫

▶용법
물 1.5L에 인동덩굴을
10~15g을 넣고 달인 물을 하루
중 여러 번 나누어 복용한다.

인동덩굴 열매

275
🥄인동등(忍冬藤)
인동덩굴의 덩굴

맛은 달고 성질은 차다.

해열작용이 있어 감기로 인한 두통, 사지통, 피부 가려움증 등에 쓴다.

풍습성 관절염, 신경통에 쓴다.

味 甘, 性 寒. 淸熱解毒, 通經絡

▶용법
물 1.5L에 인삼 뿌리 5~10g을
넣고 달인 물을 하루 중 여러
번 나누어 복용한다.

인삼 씨

276
🥄인삼(人蔘)
인삼의 뿌리

맛은 달고 조금 쓰며 성질은 조금 따뜻하다.

원기부족으로 인한 신체허약, 권태, 피로 등에 쓰며 진액손상으로 기운이
없으면서 갈증이 있는 데 쓴다.

味 甘 微苦, 性 微溫. 大補元氣, 生津止渴

151

▶용법
물 1.5L에 사철쑥 지상부
10~15g을 넣고 달인 물을 하루
중 여러 번 나누어 복용한다.

사철쑥 전초

277
🌿인진호(茵蔯蒿)
사철쑥의 지상부

맛은 쓰고 성질은 서늘하다.
열을 내리게 하고 소변 색이 붉은 것을 다스리며 피부가 가려운 증상과
급성·만성간염, 간경변 등에 쓴다.

味 苦, 性 涼.　淸熱利濕, 治黃疸之君藥

▶용법
물 1.5L에 왜당귀 뿌리
10~15g을 넣고 달인 물을 하루
중 여러 번 나누어 복용한다.
♣왜당귀는 〈대한약전 및 생규〉
에는 등재되지 않으나, 〈일본약
전〉에는 등재 됨.

왜당귀 꽃

278
일당귀(日當歸)
왜당귀의 뿌리

맛은 달고 매우며 성질은 따뜻하다.
조혈작용이 있어 피가 부족하여 어지럽거나 머리가 아프며 얼굴이 창백한 데
쓴다. 혈액순환을 원활히 하여 어혈통, 생리통, 생리불순에 쓴다.

味 甘 辛, 性 溫.　補血, 活血止痛, 潤腸

▶용법
물 1.5L에 들깨 씨 10~15g을 넣고 달인 물을 하루 중 여러 번 나누어 복용한다.

들깨 꽃

279
🥄**임자**(荏子)
들깨의 씨

맛은 달고 쓰며 성질은 따뜻하다.
폐기능을 활성화시키므로 해수 천식에 쓴다.
비 · 위장을 따뜻하게 하는 작용을 한다.

味 甘 苦, 性 溫. 下氣, 溫中, 咳嗽, 寬腸

▶용법
물 1.5L에 분꽃 씨 5~10g을 넣고 달인 물을 하루 중 여러 번 나누어 복용한다.

분꽃

280
자말리자(紫茉莉子)
분꽃의 씨

맛은 달고 성질은 미지근하다.
피부미용에 외용한다.(가루를 만들어 얼굴의 반점, 기미, 여드름을 없애는 데 쓴다)
소변을 잘 나오게 하며 전신 부종에 쓴다.

味 甘, 性 平. 疥癬, 創傷, 利水, 消腫

▶용법
물 1.5L에 꾸지뽕나무 껍질
15~30g을 넣고 달인 물을 하루
중 여러 번 나누어 복용한다.

꾸지뽕나무 열매

281
자목(柘木)
꾸지뽕나무의 껍질

맛은 쓰고 성질은 미지근하다.
허리와 무릎이 시리고 아프며 근육통에 쓴다.
몽정(夢精)에 쓴다. 민가에서 항암치료에 쓴다.
味 苦, 性 平. 腰腎冷, 夢交泄精, 舒筋活絡

▶용법
물 1.5L에 가시오갈피 껍질
15~20g을 넣고 달인 물을 하루
중 여러 번 나누어 복용한다.

가시오갈피 열매

282
자오가피(刺五加皮)
가시오갈피의 껍질

맛은 맵고 조금 쓰며 성질은 따뜻하다.
간(肝), 신(腎)장기능을 도와 정력 감퇴을 도우며 허리와 다리에 힘이 없고 아픈
데 쓴다.
味 辛 微苦, 性 溫. 壯筋骨, 補肝腎, 祛瘀

▶용법
물 1.5L에 개미취 뿌리
10~15g을 넣고 달인 물을 하루
중 여러 번 나누어 복용한다.

개미취 꽃

283
자완(紫菀)
개미취의 뿌리

맛은 쓰고 달며 성질은 조금 따뜻하다.
해수 천식과 목안이 마르고 아픈 데 쓴다. 자원(紫菀)이라고도 한다.
味 苦 甘, 性 微溫. 化痰止咳, 潤肺祛痰

▶용법
물 1.5L에 지치 뿌리 5~10g을
넣고 달인 물을 하루 중 여러
번 나누어 복용한다.

지치 꽃

284
자초(紫草)
지치의 뿌리

맛은 달고 성질은 차다.
코피, 토혈, 소변출혈에 쓴다. 독을 풀어주며 혈액순환이 잘 되게 한다.
자근(紫根)이라고도 한다.
味 甘, 性 寒. 凉血, 活血, 解毒, 解熱

물 1.5L에 제비꽃 전초
10~15g을 넣고 달인 물을 하루
중 여러 번 나누어 복용한다.

285
🌱**자화지정**(紫花地丁)
제비꽃의 전초

맛은 쓰고 매우며 성질은 차다.
열로 인한 일체의 종기에 쓴다.
간의 열로 인하여 눈이 충혈 되고 아픈 증상에 쓴다.

味 苦 辛, 性 寒. 淸熱解毒, 疔癰, 丹毒

제비꽃 꽃

▶용법
물 1.5L에 소경불알 뿌리
5~15g을 넣고 달인 물을 하루
중 여러 번 나누어 복용한다.

286
작삼(鵲蔘)
소경불알의 뿌리

맛은 달고 성질은 미지근하다.
소화기능이 약하여 음식의 소화력이 떨어지는 데 쓴다.
입안이 마르고 식은땀을 흘리는 데 쓴다. 폐기능을 도와 기침 해수에 쓴다.

味 甘, 性 平. 補脾益氣, 生津止渴, 潤肺祛痰

소경불알 꽃

▶용법
물 1.5L에 작약 뿌리
10~20g을 넣고 달인 물을 하루
중 여러 번 나누어 복용한다.

작약 꽃

287
作약(芍藥)
작약의 뿌리

맛은 쓰고 시며 성질은 조금 차다.

생리불순, 자궁출혈 등 부인병에 쓴다.

조혈작용이 있어 빈혈로 어지럽거나 머리가 아픈 데 쓴다.

味 苦 酸, 性 微寒. 養血斂陰, 柔肝止痛, 腹痛

▶용법
물 1.5L에 개오동나무 열매
10~15g을 넣고 달인 물을 하루
중 여러 번 나누어 복용한다.

개오동나무 열매

288
재실(梓實)
개오동나무의 열매

맛은 달고 성질은 미지근하다.

이뇨작용이 있어 만성신염(慢性腎炎)과 전신부종에 쓴다.

자실(梓實)이라고도 한다.

味 甘, 性 平. 淸熱解毒, 殺蟲

157

▶용 법
물 1.5L에 모시풀 뿌리
10~15g을 넣고 달인 물을 하루
중 여러 번 나누어 복용한다.

모시풀 꽃

289
🍵 저마근(苧麻根)

모시풀의 뿌리

맛은 달고 성질은 차다.

출혈성질환(각혈, 토혈, 소변출혈, 자궁출혈)에 지혈제로 쓴다.

열을 내리게 하고 소변을 잘 나오게 하는 데 쓴다.

味 甘, 性 寒. 淸熱止血, 解毒, 利水

▶용 법
물 1.5L에 가죽나무 껍질,
뿌리껍질 10~15g을 넣고
달인 물을 하루 중 여러 번
나누어 복용한다.

가죽나무 열매

290
🍵 저백피(樗白皮)

가죽나무의 껍질, 뿌리껍질

맛은 쓰고 성질은 차다.

만성설사나 피가 섞인 대변과 자궁출혈, 자궁에서 분비물이 나오는 증상에 쓴다.

회충, 촌충 구제에 쓴다.

味 苦, 性 寒. 淸熱燥濕, 澁腸, 止血, 殺蟲

▶용법
물 1.5L에 닥나무 열매
10~15g을 넣고 달인 물을 하루
중 여러 번 나누어 복용한다.

닥나무 꽃

291
저실자(楮實子)
닥나무의 열매

맛은 달고 성질은 차다.

소염작용, 항알러지, 항산화작용이 있어 알러지성 피부질환에 쓴다. 신장기능을 도와 정(精)을 도우며 허리와 무릎이 쑤시고 아픈 데와 눈을 밝게 하는 데 쓴다.

味 甘, 性 寒. 祛風除濕, 補腎强筋骨, 明目利水

▶용법
물 1.5L에 왕과 열매
10~15g을 넣고 달인 물을 하루
중 여러 번 나누어 복용한다.

왕과 꽃

292
적박(赤瓟)
왕과의 열매

맛은 시고 쓰며 성질은 미지근하다.

폐결핵으로 인한 해수, 토혈과 간염, 황달에 쓴다. 위산과다와 이질에 쓴다. 왕과(王瓜)라고도 한다.

味 酸 苦, 性 平. 祛痰, 止嘔, 反胃吐酸

▶용법
물 1.5L에 팥 씨 10~20g을
넣고 달인 물을 하루 중 여러
번 나누어 복용한다.

293
🍃**적소두**(赤小豆)

팥의 씨

팥 씨

맛은 달고 시며 성질은 미지근하다.

전신이 붓는 증상과 간경화로 복수가 찼는데 쓴다. 이뇨작용이 있고 황달에도
쓴다. 산후부종에 잉어에 팥을 넣어 달인 물을 먹기도 한다.

味 甘 酸, 性 平. 利水消腫, 退黃, 解毒排膿

▶용법
물 1.5L에 동자꽃 전초
5~10g을 넣고 달인 물을 하루
중 여러 번 나누어 복용한다.

동자꽃

294
전하라(剪夏羅)

동자꽃의 전초

맛은 달고 성질은 차다.

해열 해독작용이 있어 감기로 열이 많이 나고 갈증이 심하며 땀이 없는 증상에
쓴다.

味 甘, 性 寒. 身熱無汗, 治口渴

▶용법
물 1.5L에 바디나물 뿌리
5~15g을 넣고 달인 물을 하루
중 여러 번 나누어 복용한다.

295
🜍전호(前胡)
바디나물의 뿌리

맛은 쓰고 매우며 성질은 조금 차다.
가슴이 답답하고 가래가 잘 나오지 않는 데 쓴다.
감기로 인해 열이 나고 기침과 머리가 아픈 데 쓴다.
味 苦 辛, 性 微寒. 降氣祛痰, 宣散風熱

바디나물 꽃

▶용법
물 1.5L에 청가시덩굴 뿌리
10~20g을 넣고 달인 물을 하루
중 여러 번 나누어 복용한다.

296
점어수(黏魚鬚)
청가시덩굴의 뿌리

청가시덩굴 꽃

맛은 달고 성질은 미지근하다.
혈액순환을 촉진시켜 부기를 가라앉히고 통증을 완화시킨다.
관절통, 근육통에 쓴다.
味 甘, 性 平. 治筋骨疼痛, 去死血, 消腫痛

161

▶용법
물 1.5L에 딱총나무 가지
5~15g을 넣고 달인 물을 하루
중 여러 번 나누어 복용한다.

딱총나무 열매

297
🥄접골목(接骨木)
딱총나무의 가지

맛은 달고 쓰며 성질은 미지근하다.
관절염, 류머티즘 등 뼈와 근육이 아픈 데와 골절로 인한 어혈통에 쓴다.
味 甘 苦, 性 平. 祛風利濕, 活血止痛

▶용법
물 1.5L에 마가목 껍질
10~20g을 넣고 달인 물을 하루
중 여러 번 나누어 복용한다.

마가목 열매

298
정공피(丁公皮)
마가목의 껍질

맛은 쓰고 성질은 차다.
폐기능을 도와 폐결핵과 해수 천식 등에 쓰며 위염과 복통에 쓴다.
味 苦, 性 寒. 淸肺止咳, 補脾生津

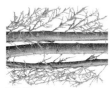

▶용법
물 1.5L에 위성류 어린가지
5~10g을 넣고 달인 물을 하루
중 여러 번 나누어 복용한다.

위성류 꽃

299
정류(檉柳)
위성류의 어린가지

맛은 맵고 달며 성질은 따뜻하다.
홍역초기에 발진을 돋게 하는 데 내복하거나 외용한다.
술독을 풀어주는 데 쓴다.

味 辛 甘, 性 溫. 發汗收疹, 一切惡瘡, 解酒毒

▶용법
물 1.5L에 모시대 뿌리
5~15g을 넣고 달인 물을 하루
중 여러 번 나누어 복용한다.

모시대 꽃

300
제니(薺苨)
모시대의 뿌리

맛은 달고 성질은 차다.
해독작용이 있어 여러 가지 약독을 풀어주며 기관지염, 인후염, 마른기침 등에
쓴다.

味 甘, 性 寒. 淸熱, 解毒, 化痰

▶용법
물 1.5L에 냉이 씨
10~20g을 넣고 달인 물을 하루
중 여러 번 나누어 복용한다.

냉이 꽃

301
제채자(薺菜子)
냉이의 씨

맛은 달고 성질은 미지근하다.
시력을 매우 좋게 하는 효능이 있다.
눈이 아프거나 녹내장에 쓴다.

味 甘, 性 平. 主明目, 目痛, 久食視物鮮明, 解毒, 補五臟不足

▶용법
물 1.5L에 조각자나무 가시
5~10g을 넣고 달인 물을 하루
중 여러 번 나누어 복용한다.

조각자나무 잎

302
조각자(皁角刺)
조각자나무의 가시

맛은 맵고 성질은 따뜻하다.
배농(排膿) 소종작용이 있어 모든 종기(급성유선염, 악창, 편도선염, 인후염)에
쓴다.

味 辛, 性 溫. 消腫排膿, 治風殺蟲

164

▶용법
물 1.5L에 주엽나무 열매껍질
5~10g을 넣고 달인 물을 하루
중 여러 번 나누어 복용한다.
♣독이 조금있으므로 용량에
주의해야 한다.

303
조협(皂莢)
주엽나무의 열매껍질

주엽나무 열매

맛은 맵다. 성질은 따뜻하며 독이 조금 있다.
해수, 천식에 있어 가래가 잘 나오지 않는 것을 나오게 하고 종기, 피부궤양
등에 외용한다.
味 辛. 性 溫 · 有小毒. 祛痰, 開竅, 散結消腫

▶용법
물 1.5L에 대황 뿌리줄기
10g을 넣고 달인 물을 하루 중
여러 번 나누어 복용한다.

대황 꽃

304
종대황(種大黃)
대황의 뿌리줄기

맛은 쓰고 성질은 차다.
피가 뭉친 것을 풀어 주고 혈액순환을 잘 되게 하며 변비에 쓴다.
시중에는 대황으로 쓰고 있다.
味 苦, 性 寒. 瀉下攻積, 淸熱解毒, 活血祛瘀

▶용법
물 1.5L에 주목 열매 5~10g을
넣고 달인 물을 하루 중 여러
번 나누어 복용한다.

주목 열매

305
주목(朱木)
주목의 열매

맛은 달고 쓰며 성질은 서늘하다.
신우신염으로 전신이 부을 때 쓰며 당뇨병의 혈당을 내리는 데 쓴다.
자삼(紫杉)이라고도 한다.
味 甘 苦, 性 凉. 利尿, 止渴, 通經

▶용법
물 1.5L에 솜대및 왕대 껍질을
제거한 중간층 10~20g을 넣고
달인 물을 하루 중 여러 번
나누어 복용한다.

대나무 잎

306
죽여(竹茹)
솜대및왕대의 껍질을 제거한 중간층

맛은 달고 담백하며 성질은 차다.
헛바늘이 돋고 혀가 갈라지는 데와 신경성 구토에 쓴다.
가슴이 답답하고 가래가 많으며 잠이 잘 오지 않는 데 쓴다.
味 甘 淡, 性 寒. 淸熱化痰, 除煩止痛, 止嘔

▶용법
물 1.5L에 광귤나무 덜 익은
열매 10~15g을 넣고 달인
물을 하루 중 여러 번 나누어
복용한다.

307
지각(枳殼)
광귤나무의 덜 익은 열매

광귤나무 열매

맛은 쓰고 매우며 성질은 서늘하다.
비위를 튼튼하게 하며 기침과 가래를 그치게 하는 데 쓴다.
味 苦 辛, 性 凉. 消痰飮, 止咳, 止逆

▶용법
물 1.5L에 구기자나무
뿌리껍질 10~20g을 넣고
달인 물을 하루 중 여러 번
나누어 복용한다.

308
지골피(地骨皮)
구기자나무의 뿌리껍질

구기자나무 열매

맛은 달고 성질은 미지근하다.
폐결핵으로 인한 해수, 천식을 낫게 하고 식은땀이 나는 데 쓴다.
당뇨병의 혈당을 내리며 혈압을 내리게 하는 데 쓴다.
味 甘, 性 平. 淸血, 凉血, 退虛熱

▶용법
물 1.5L에 헛개나무 열매
10~20g을 넣고 달인 물을 하루
중 여러 번 나누어 복용한다.

헛개나무 열매

309
🖐지구자(枳椇子)

헛개나무의 열매

맛은 달고 성질은 미지근하다.

딸꾹질과 구토를 그치게 하며 소변을 잘 나오게 하는 데 쓴다.

술독을 풀어주는 데 쓴다.

味 甘, 性 平. 淸熱利尿, 止渴除煩, 解酒毒

▶용법
물 1.5L에 땅빈대 전초
5~10g(신선한것은20~40g)를
넣고 달인 물을 하루 중 여러 번
나누어 복용한다.

땅빈대 전초

310
지금초(地錦草)

큰·애기·땅빈대의 전초

맛은 쓰고 성질은 미지근하다.

열(熱)을 내리게 하고 독을 풀어주며 혈액순환과 유즙분비를 촉진 시키는데 쓴다. 장염, 해수 시 출혈, 외상출혈, 자궁출혈, 타박상으로 인한 통증 등에 쓴다.

味 苦. 性 平. 主癰腫惡瘡, 金刀撲損出血, 血痢, 下血, 崩中, 能散血止血, 利小便

▶용법
물 1.5L에 지모 뿌리줄기
5~10g을 넣고 달인 물을 하루
중 여러 번 나누어 복용한다.

311
🔔지모(知母)
지모의 뿌리줄기
맛은 쓰고 성질은 차다.

지모 전초

열을 내리고 가슴이 답답한 것과 갈증을 풀어 주며 기침을 그치게 하는 데 쓴다.
味 苦, 性 寒. 淸熱瀉火, 滋陰潤燥

▶용법
물 1.5L에 댑싸리 씨
10~20g을 넣고 달인 물을 하루
중 여러 번 나누어 복용한다.

312
🔔지부자(地膚子)
댑싸리의 씨

댑싸리 전초

맛은 쓰고 성질은 차다.
소변을 잘 못 보는 증상에 이뇨작용이 탁월하고 방광염, 요도염, 신우신염으로
몸이 붓거나 열감을 느끼는 증상에 쓴다.
味 苦, 性 寒. 利水便, 淸利濕熱

▶용 법
물 1.5L에 쉽싸리 뿌리
5~15g을 넣고 달인 물을 하루
중 여러 번 나누어 복용한다.

313
지순(地笋)
쉽싸리의 뿌리

쉽싸리 전초

맛은 달고 매우며 성질은 따뜻하다.
진통 지혈작용이 있어 산후복통에 쓴다.
혈(血)과 기(氣)의 순환을 촉진시키며 정(精)을 보충시키는 데 쓴다.
味 甘 辛, 性 溫. 通血脈, 産後心腹痛, 補精固氣, 和氣養血

▶용 법
물 1.5L에 탱자나무 덜 익은
열매 5~10g을 넣고 달인
물을 하루 중 여러 번 나누어
복용한다.

314
🥢지실(枳實)
탱자나무의 덜 익은 열매

탱자나무 열매

맛은 쓰고 성질은 조금 차다.
소화장애로 명치끝이 아프고 답답하며 식욕이 떨어지는 데 쓴다. 항알러지작용
이 있어 아토피에 달여서 마시기도 하며 목욕하거나 바르기도 하는 데 쓴다.
味 苦, 性 微寒. 破氣, 消積, 瀉痰除痺

▶용법
물 1.5L에 오이풀 뿌리
5~10g을 넣고 달인 물을 하루
중 여러 번 나누어 복용한다.

315
지유(地楡)
오이풀의 뿌리

맛은 시고 쓰며 성질은 조금 차다.

오이풀 전초

지혈작용이 있어 대변출혈, 치질출혈, 이질복통, 자궁출혈 등에 쓴다.

味 酸 苦, 性 微寒. 凉血止血, 解毒斂瘡

▶용법
물 1.5L에 개암나무 열매속의
씨 10~20g을 넣고 달인 물을
하루 중 여러 번 나누어 복용한
다.

316
진자(榛子)
개암나무의 열매속의 씨

맛은 달고 성질은 미지근하다.

개암나무 열매

건위 · 소화 작용이 있어 식사의 양이 적고 기운이 없는 증상을 돕는다.

오래 복용하면 눈이 밝아진다.

味 甘, 性 平. 調中, 開胃, 明目, 主益氣力

▶용법
물 1.5L에 귤나무 열매껍질
10~20g을 넣고 달인 물을 하루
중 여러 번 나누어 복용한다.
(1년 이상 묵은것을 약으로 씀)

317
🦷진피(陳皮)
귤나무의 열매껍질

귤나무 열매

맛은 쓰고 매우며 성질은 따뜻하다.
비위가 허약하여 일어나는 구토, 메스꺼움, 소화불량 등에 쓴다.
味 苦 辛, 性 溫. 開胃理氣, 止渴, 潤肺

▶용법
물 1.5L에 물푸레나무 껍질
10~20g을 넣고 달인 물을 하루
중 여러 번 나누어 복용한다.

318
🦷진피(秦皮)
물푸레나무의 껍질

물푸레나무 꽃

맛은 쓰고 성질은 차다.
이질, 설사에 쓴다.
눈이 충혈 되어 아플 때 진피 달인 물로 씻으면 효과를 볼 수 있다.
味 苦, 性 寒. 淸熱解毒, 淸肝明目

▶용 법
물 1.5L에 남가새 씨 5~10g을
넣고 달인 물을 하루 중 여러
번 나누어 복용한다.

319

질려자(疾藜子)

남가새의 씨

남가새 꽃

맛은 쓰고 매우며 성질은 미지근하다.

간기능장애로 인한 두통, 어지럼증에 쓰며 눈을 밝게 하는 데 쓴다.

피부 가려움증에도 쓴다.

味 苦 辛, 性 平. 疎肝解鬱, 祛風明目, 止痒

▶용 법
물 1.5L에 질경이 씨
10~15g을 넣고 달인 물을 하루
중 여러 번 나누어 복용한다.

320

차전자(車前子)

질경이의 씨

질경이 꽃

맛은 달고 성질은 차다.

소변을 잘 나오게 하므로 신우신염, 요도염, 방광염 등에 쓴다.

간 기능을 활성화시키며 눈을 밝게 하는 데 쓴다.

味 甘, 性 寒. 清濕熱, 滲濕止瀉, 清肝明目

▶용 법
물 1.5L에 도꼬마리 씨
5~10g을 넣고 달인 물을 하루
중 여러 번 나누어 복용한다.

도꼬마리 꽃

321
🥄창이자(蒼耳子)
도꼬마리의 씨

맛은 맵고 쓰며 성질은 따뜻하다.
축농증으로 코가 막히고 머리가 아프며 콧물이 나는 증상에 쓰며
피부가려움증에도 쓴다.

味 辛 苦, 性 溫. 散風濕, 通鼻竅, 止痛

▶용 법
물 1.5L에 가는잎삽주 뿌리줄기
10~20g을 넣고 달인 물을 하루
중 여러 번 나누어 복용한다.

가는잎삽주 꽃

322
🥄창출(蒼朮)
가는잎삽주의 뿌리줄기

맛은 맵고 쓰며 성질은 따뜻하다.
배가 더부룩하거나 메스껍고 묽은 변이 있는 증상에 쓰며 사지가 나른하고
설태(舌苔)가 두껍게 끼는 증상에 쓴다.

味 辛 苦, 性 溫. 燥濕健脾, 發汗, 祛風濕

174

▶용법
물 1.5L에 개연꽃(왜개연꽃) 뿌리줄기 5~10g을 넣고 달인 물을 하루 중 여러 번 나누어 복용한다.

323

🫕 **천골**(川骨)

개연꽃(왜개연꽃)의 뿌리줄기

개연꽃(왜개연꽃)

맛은 달고 성질은 차다.

소화기능을 도와 소화불량, 위염 등과 생리불순에 쓴다.

味 甘, 性 寒. 補虛, 健胃, 調經

▶용법
물 1.5L에 부처꽃 전초 10~20g을 넣고 달인 물을 하루 중 여러 번 나누어 복용한다.

324

천굴채(千屈菜)

부처꽃의 전초

부처꽃

맛은 쓰고 성질은 차다.

세균성 이질과 자궁출혈에 지혈제로 쓰며 피부궤양에 가루를 내어 바른다.

味 苦, 性 寒. 淸熱凉血, 止血, 止瀉

천궁 꽃

325
천궁(川芎)
천궁의 뿌리줄기
맛은 맵고 성질은 따뜻하다.
혈액순환을 원활하게 하고 기운을 도우며 통증을 제거하는 데 쓴다. 감기로 인한
두통과 전신이 아픈 데 쓴다. 생리불순, 생리통, 타박상으로 인한 어혈통에 쓴다.
味 辛, 性 溫. 活血行氣, 祛風止痛

▶용법
물 1.5L에 천남성 덩이뿌리
5~10g을 넣고 달인 물을 하루
중 여러 번 나누어 복용한다.
♣독이 있으므로 용량에
　주의해야 한다.

천남성 전초

326
천남성(天南星)
천남성의 덩이뿌리
맛은 쓰다. 성질은 따뜻하며 독이 있다.
중풍, 반신불수, 구안와사, 수족마비 등에 쓴다.
味 苦. 性 溫 · 有毒. 燥濕化痰, 祛風止痙

▶용법
물 1.5L에 함박꽃나무
꽃봉오리 10~15g을 넣고 달인
물을 하루 중 여러 번 나누어
복용한다.

함박꽃나무 꽃

327
천녀목란(天女木蘭)
함박꽃나무의 꽃봉오리

맛은 쓰고 성질은 차다.

폐렴으로 인한 해수, 가래에 피가 섞여 나오는 데와 종기에 쓴다.

味 苦, 性 寒. 利尿消腫, 潤肺止咳

▶용법
물 1.5L에 멀구슬나무 열매
10~15g을 넣고 달인 물을 하루
중 여러 번 나누어 복용한다.

멀구슬나무 열매

328
천련자(川楝子)
멀구슬나무의 열매

맛은 쓰며 성질은 차다.

간에 기운이 몰려 나타나는 협통, 복통과 회충, 요충 구제에 쓴다.

건선피부염에 쓰기도 한다.

味 苦, 性 寒. 理氣止痛, 殺蟲療癬

▶용법
물 1.5L에 천마 덩이줄기
5~15g을 넣고 달인 물을 하루
중 여러 번 나누어 복용한다.

천마 꽃

329
🌰**천마**(天麻)
천마의 덩이줄기
맛은 달고 성질은 미지근하다.
소아 급성·만성 경풍과 어지럼증, 두통 등에 쓴다.
심장과 뇌의 혈류량을 증가시켜 혈압을 강하시키는 데 쓴다.
味 甘, 性 平. 補肝腦, 眩暈, 頭痛, 平肝息風

천문동 씨

▶용법
물 1.5L에 천문동 덩이뿌리
10~20g을 넣고 달인 물을 하루
중 여러 번 나누어 복용한다.

330
🌰**천문동**(天門冬)
천문동의 덩이뿌리
맛은 달고 쓰며 성질은 차다.
폐 기능을 도와 피를 토하거나 기침하는 데 쓴다.
진액을 나게하며 갈증으로 인해 입안이 건조하고 물을 많이 마시는 증상에 쓴다.
味 甘 苦, 性 寒. 潤肺止咳, 養陰生津

▶용법
물 1.5L에 초피나무 열매껍질
10~15g을 넣고 달인 물을 하루
중 여러 번 나누어 복용한다.

초피나무 열매

331
천초(川椒)
초피나무의 열매껍질

맛은 맵고 성질은 따뜻하다.

비위가 차서 구토와 설사를 하는 데 쓰며 몸이 차서 천식을 일으키고 요통과
다리가 얼음장 같이 찬 데 쓴다. 산초(山椒), 화초(花椒)라고도 한다.

味 辛, 性 溫. 溫中止痛, 止瀉, 殺蟲

▶용법
물 1.5L에 꼭두서니 뿌리
5~10g을 넣고 달인 물을 하루
중 여러 번 나누어 복용한다.

꼭두서니 전초

332
천초근(茜草根)
꼭두서니의 뿌리

맛은 쓰고 성질은 차다.

혈액순환이 잘 되게 하며 부인의 생리불순과 타박상으로 피가 뭉친 데 쓴다.
지혈작용이 있어 토혈, 코피, 변혈, 자궁출혈 등에 쓴다.

味 苦, 性 寒. 凉血止血, 活血祛瘀

▶용법
물 1.5L에 하눌타리 뿌리
10~20g을 넣고 달인 물을 하루
중 여러 번 나누어 복용한다.

333
천화분(天花粉)
하눌타리의 뿌리

하눌타리 꽃

맛은 쓰고 성질은 차다.
체내 진액이 부족하여 입안이 잘 마르고 가슴이 답답한 데 쓴다. 종기에 고름을 배출시키고 부기를 가라앉히며 해수에 쓴다. 괄루근(栝樓根)이라고도 한다.
味 苦, 性 寒. 淸熱生津, 消腫排膿, 肺燥咳血

▶용법
물 1.5L에 쪽잎을 발효시켜
얻은 가루 10~15g을 넣고
달인 물을 하루 중 여러 번
나누어 복용한다.

334
청대(靑黛)
쪽잎을 발효시켜 얻은 가루

쪽 꽃

맛은 짜고 성질은 차다.
열을 내리며 해독작용이 있어 발진, 인후동통, 독성이 있는 종기 등에 쓴다.
味 鹹, 性 寒. 淸熱解毒, 凉血消腫

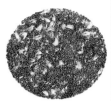

▶용법
물 1.5L에 개맨드라미 씨
5~15g을 넣고 달인 물을 하루
중 여러 번 나누어 복용한다.

개맨드라미 꽃

335
청상자(青葙子)
개맨드라미의 씨

맛은 쓰고 성질은 조금 차다.
간의 열로 인하여 눈이 충혈 되고 아프며 백태가 끼고 눈물이 나며 빛을 꺼리는
증상에 쓴다.
味 苦, 性 微寒. 清肝瀉火, 明目退翳

▶용법
물 1.5L에 개똥쑥 지상부
10~20g을 넣고 달인 물을 하루
중 여러 번 나누어 복용한다.

개똥쑥 전초

336
청호(青蒿)
개똥쑥의 지상부

맛은 쓰고 성질은 차다.
여름철 더위로 인하여 속이 메스껍고 구토가 나며 가슴이 답답하고 열이 나는
데 쓴다. 여름철 감기 증상과 학질[말라리아]에 쓴다.
味 苦, 性 寒. 清熱, 解署, 退虛熱

▶용법
물 1.5L에 매자기 뿌리줄기
4~10g을 넣고 달인 물을 하루
중 여러 번 나누어 복용한다.

매자기 꽃

337
초삼릉(草三稜)
매자기의 뿌리줄기
맛은 달고 매우며 성질은 미지근하다.
산후 피가 뭉친 것과 생리불순, 생리통, 협심증에 쓴다.
味 甘 辛, 性 平. 破瘀散結, 消積止痛

▶용법
물 1.5L에 석잠풀 지상부
10~15g을 넣고 달인 물을 하루
중 여러 번 나누어 복용한다.

석잠풀 꽃

338
초석잠(草石蠶)
석잠풀의 덩이뿌리
맛은 달고 성질은 서늘하다.
편도선염, 인후염, 목이 쉰 데 쓴다.
미열이 있으며 소변을 잘 못보고 몸이 붓는 증상에 쓴다.
味 甘, 性 凉. 淸熱解毒, 止咳利咽, 利尿

▶용법
물 1.5L에 투구꽃 덩이뿌리
3~6g을 넣고 달인 물을 하루
중 여러 번 나누어 복용한다.
♣독이 있으므로 용량에
주의해야 한다.

339
초오(草烏)
투구꽃의 덩이뿌리

투구꽃

맛은 맵다. 성질은 뜨거우며 독이 있다.
중풍으로 인한 반신불수, 인사불성, 구안와사 등에 쓰며 관절염, 요통, 하지마비
증상에 쓴다.
味 辛. 性 熱 · 有毒. 搜風勝濕, 散寒止痛, 開痰

▶용법
물 1.5L에 접시꽃 꽃 5~10g을
넣고 달인 물을 하루 중 여러
번 나누어 복용한다.

340
촉규화(蜀葵花)
접시꽃의 꽃

접시꽃

맛은 달고 성질은 차다.
대 · 소변을 잘 보게 하며 토혈, 자궁출혈 등에 쓰며, 민가에서는 불임에 쓴다.
味 甘. 性 寒. 和血潤燥, 通利二便

▶용법
물 1.5L에 두릅나무 껍질,
뿌리껍질 10~20g을 넣고 달인
물을 하루 중 여러 번 나누어
복용한다.

341
총목피(楤木皮)
두릅나무의 껍질, 뿌리껍질

맛은 맵고 성질은 미지근하다.

신장 기능이 약하여 다리에 힘이 없고 보행에 장애가 있는 데 쓰며 혈당을
내리게 하여 당뇨병에 쓴다.

味 辛, 性 平. 補氣安神, 强精滋腎

두릅나무 새싹

▶용법
물 1.5L에 파 비늘줄기
10~20g을 넣고 달인 물을 하루
중 여러 번 나누어 복용한다.

342
총백(葱白)
파의 비늘줄기

맛은 맵고 성질은 따뜻하다.

감기로 열이 나고 추운 증상과 사지냉증에 쓴다.

따뜻한 성질을 이용하여 복부냉증, 소화불량 등에 쓴다.

味 辛, 性 溫. 發汗解表, 解毒散結

파 꽃

184

▶용법
물 1.5L에 참죽나무 껍질
10~20g을 넣고 달인 물을 하루
중 여러 번 나누어 복용한다.

참죽나무 꽃

343
춘백피(椿白皮)
참죽나무의 껍질

맛은 쓰고 떫으며 성질은 서늘하다.

지혈작용으로 자궁출혈, 대변출혈에 쓰고 구충제로 촌백충, 십이지장충에 쓴다. 오래된 설사, 이질에 쓴다.

味 苦 澁, 性 凉. 淸熱燥濕, 澁腸, 止血, 殺蟲

▶용법
물 1.5L에 누리장나무 가지
10~15g을 넣고 달인 물을 하루
중 여러 번 나누어 복용한다.

누리장나무 꽃

344
취오동(臭梧桐)
누리장나무의 가지

맛은 맵고 달며 성질은 서늘하다.

관절염, 사지마비, 반신불수 등에 쓰며 습진, 피부가려움증에 누리장나무 달인 물로 씻으면 효과를 볼 수 있다.

味 辛 甘, 性 凉. 祛風濕, 止痛, 降血壓

▶용법
물 1.5L에 치자나무 열매
10~15g을 넣고 달인 물을 하루
중 여러 번 나누어 복용한다.

345
🥤 치자(梔子)
치자나무의 열매
맛은 쓰고 성질은 차다.
우울증으로 마음이 답답하고 괴로운 증상에 쓴다.
열을 내리며 황달을 낮게 하고 소변의 양이 적은 데 쓴다.
味 苦, 性 寒. 瀉火除煩, 淸熱利濕, 凉血解毒

치자나무 꽃

▶용법
물 1.5L에 돈나무 잎
10~15g을 넣고 달인 물을 하루
중 여러 번 나누어 복용한다.

346
칠리향(七里香)
돈나무의 잎
맛은 시고 짜며 성질은 차다.
고혈압, 동맥경화와 골절통에 쓴다.
味 酸 鹹, 性 寒. 消腫毒, 活血

돈나무 열매

▶**용 법**
물 1.5L에 큰개별꽃, 개별꽃
덩이뿌리 10~20g을 넣고 달인
물을 하루 중 여러 번 나누어
복용한다.

347
태자삼(太子蔘)
큰개별꽃, 개별꽃의 덩이뿌리

맛은 달고 성질은 미지근하다.

큰개별꽃

식욕이 없고 늘 피곤하며 입이 마르는 데 쓴다.

폐(肺)기능을 도와 기침, 해수, 폐결핵에 쓴다.

味 甘, 性 平. 補氣生津, 補脾土, 消水腫, 化疾, 止渴

▶**용 법**
물 1.5L에 쉽싸리 지상부
10~20g을 넣고 달인 물을 하루
중 여러 번 나누어 복용한다.

348
택란(澤蘭)
쉽싸리의 지상부

맛은 쓰고 매우며 성질은 조금 따뜻하다.

쉽싸리 꽃

피가 몰려서 생기는 생리통, 산후복통에 쓴다.

타박상으로 인해 붓거나 소변이 잘 나오지 않아 온 몸이 부을 때 쓴다.

味 苦 辛, 性 微溫. 跌打損傷, 産後腹痛, 身面浮腫

187

▶용법
물 1.5L에 질경이택사 덩이
뿌리 10~15g을 넣고 달인
물을 하루 중 여러 번 나누어
복용한다.

349
🥣**택사**(澤瀉)

질경이택사의 덩이뿌리

맛은 달고 담백하며 성질은 차다.

소변 양이 적으며 잘 나오지 않아서 전신이 부을 때 쓰며 습한 기운이 많아
설사하는 데 쓴다.

味 甘 淡, 性 寒. 小便不利, 浮腫, 止瀉

질경이택사 전초

▶용법
물 1.5L에 목향 뿌리 10g을
넣고 달인 물을 하루 중 여러
번 나누어 복용한다.

350
🥣**토목향**(土木香)

목향의 뿌리

맛은 맵고 쓰며 성질은 따뜻하다.

소화 기능의 저하로 인한 위염, 장염 및 구토, 설사 등에 쓴다.

味 辛 苦, 性 溫. 健脾和胃, 行氣止痛

목향 꽃

▶용법
물 1.5L에 청미래덩굴 뿌리줄기
15~60g을 넣고 달인 물을 하루
중 여러 번 나누어 복용한다.

청미래덩굴 열매

351
ⓒ**토복령**(土茯苓)
청미래덩굴의 뿌리줄기

맛은 달고 담백하며 성질은 미지근하다.
관절의 염증을 제거하고 사지마비와 동통을 완화시키며 습진, 종기에도 쓴다.
味 甘 淡, 性 平. 淸熱解毒, 除濕, 利關節

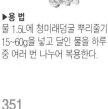

▶용법
물 1.5L에 새삼 씨 10~20g을
넣고 달인 물을 하루 중 여러
번 나누어 복용한다.

새삼 꽃

352
ⓒ**토사자**(菟絲子)
새삼의 씨

맛은 맵고 달며 성질은 미지근하다.
신기능을 도와 발기가 안 되고 허리가 아프며 유뇨(遺尿)와 유정이 있을 때
쓰며 소화기능 장애와 설사에 쓴다.
味 辛 甘, 性 平. 補陽益陰, 固精縮尿, 明目, 止渴

189

▶용법
물 1.5L에 우산나물 전초
5~10g을 넣고 달인 물을 하루
중 여러 번 나누어 복용한다.
♣독이 조금있으므로 용량에
주의해야 한다.

353
토아산(兎兒傘)
우산나물의 전초

우산나물 전초

맛은 맵고 쓰다. 성질은 따뜻하며 독이 조금 있다.
혈액순환을 촉진시키는 데 쓴다.
해독작용이 있어 부기를 가라 앉히고 통증을 완화 시키는 데 쓴다.
味 辛 苦. 性 溫 · 有小毒. 祛風除濕, 解毒活血

▶용법
물 1.5L에 통탈목 줄기속
흰 부분 5~10g을 넣고 달인 물
을 하루 중 여러 번 나누어 복용
한다.

354
통초(通草)
통탈목의 줄기속 흰 부분

통탈목 수형

맛은 달고 성질은 차다.
소변을 잘 나오게 하므로 요도염, 방광염 등에 쓴다.
산후에 젖이 잘 나오게 하는 데 쓴다.
味 甘. 性 寒. 清熱, 利水, 通乳

▶용법
물 1.5L에 대청 뿌리 20~30g을
넣고 달인 물을 하루 중 여러
번 나누어 복용한다.

대청 꽃

355
판람근(板藍根)
대청의 뿌리

맛은 쓰고 성질은 차다.
해열 해독작용이 있어 유행성감기, 유행성뇌막염, 폐렴, 감염, 이질 등에 쓴다.
味 苦, 性 寒. 淸熱, 解毒, 凉血

▶용법
물 1.5L에 등골나물 지상부
10~20g을 넣고 달인 물을 하루
중 여러 번 나누어 복용한다.

등골나물 꽃

356
패란(佩蘭)
등골나물의 지상부

맛은 맵고 성질은 미지근하다.
갈증을 해소하며 더위로 인하여 온 두통에 쓴다. 생리통, 생리불순과 입에 냄새
가 나는 데 쓴다. 난초(蘭草)라고도 한다.
味 辛, 性 平. 治傷暑頭痛, 生津止渴, 調經, 口臭

191

▶용법
물 1.5L에 중국패모 비늘줄기
5~15g을 넣고 달인 물을 하루
중 여러 번 나누어 복용한다.

중국패모 꽃

357
🥄패모(貝母)
중국패모의 비늘줄기

맛은 맵고 성질은 미지근하다.
폐기능을 도와 해수 천식과 기관지염, 폐농양, 폐결핵에 쓴다.
혈압 강하작용이 있어 고혈압에 쓴다.
味 辛, 性 平. 化痰止咳, 淸熱散結

▶용법
물 1.5L에 마타리 뿌리
10~15g을 넣고 달인 물을 하루
중 여러 번 나누어 복용한다.

마타리 전초

358
🥄패장(敗醬)
마타리의 뿌리

맛은 맵고 쓰며 성질은 조금 차다.
배농(排膿)작용이 강하여 맹장염, 폐농양 등에 쓴다.
산후복통, 어혈통에 쓴다.
味 辛 苦, 性 微寒. 淸熱解毒, 消腫排膿, 活血行瘀

▶용법
물 1.5L에 새모래덩굴 덩굴줄기
5~10g을 넣고 달인 물을 하루
중 여러 번 나누어 복용한다.

새모래덩굴 꽃

359
편복갈(蝙蝠葛)
새모래덩굴의 덩굴줄기

맛은 쓰고 매우며 성질은 차다.
인후염, 편도선염, 사지마비, 관절염 등에 쓴다.
味 苦 辛, 性 寒. 祛風淸熱, 理氣化濕

▶용법
물 1.5L에 마디풀 전초
10~15g을 넣고 달인 물을 하루
중 여러 번 나누어 복용한다.

마디풀 전초

360
편축(萹蓄)
마디풀의 전초

맛은 쓰고 성질은 조금 차다.
소변을 잘 못 보고 통증을 호소하는 증상에 쓴다.
회충, 요충 구제에 쓰이며 피부병이나 몸이 가려운 데도 쓴다.
味 苦, 性 微寒. 利水通淋, 殺蟲, 止痒

▶용법
물 1.5L에 민들레 전초
10~30g을 넣고 달인 물을 하루
중 여러 번 나누어 복용한다.

민들레 꽃

361
🥤포공영(蒲公英)
민들레의 전초

맛은 쓰고 달며 성질은 차다.

염증을 제거시키는 효능이 있어 종창, 유방염, 인후염, 맹장염, 폐농양 등에 쓴다.

급성간염이나 황달에도 쓴다.

味 苦 甘, 性 寒. 清熱解毒, 利濕通淋, 疔毒乳癰

▶용법
물 1.5L에 포도 열매
20~30g을 넣고 달인 물을 하루
중 여러 번 나누어 복용한다.

포도 열매

362
포도(葡萄)
포도의 열매

맛은 달고 시며 성질은 미지근하다.

기(氣)와 혈(血)을 보하고 뼈와 근육을 튼튼하게 하며 기침, 해수에 쓴다.

소변을 잘 나오게 하여 전신부종에 쓴다.

味 甘 酸, 性 平. 補氣血, 强筋骨, 利小便

194

▶용법
물 1.5L에 부들 꽃가루
5~10g을 넣고 달인 물을 하루
중 여러 번 나누어 복용한다.

부들 씨

363

🥄포황(蒲黃)

부들의 꽃가루

맛은 달고 성질은 미지근하다.

수렴 · 지혈 작용이 있어 각혈, 토혈, 코피, 소변출혈, 자궁출혈 등에 쓴다.

味 甘, 性 平. 收斂止血, 行血祛瘀, 利尿

▶용법
물 1.5L에 아주까리 씨 1~5g을
넣고 달인 물을 하루 중 여러
번 나누어 복용한다.
♣독이 조금있으므로 용량에
　주의해야 한다.

아주까리 꽃

364

🥄피마자(蓖麻子)

아주까리의 씨

맛은 달고 맵다. 성질은 미지근하고 독이 있다.

종기, 옴, 버짐, 악창 등 피부병에 짓찧어 붙인다.

변비에 쓰기도 하지만 독이 있기 때문에 함부로 사용할 수 없다.

味 甘 辛, 性 平 · 有小毒. 消腫拔毒, 瀉下導滯

▶용법
물 1.5L에 꿀풀 꽃이삭
5~20g을 넣고 달인 물을 하루
중 여러 번 나누어 복용한다.

꿀풀 꽃

365
🌿하고초(夏枯草)
꿀풀의 꽃이삭

맛은 쓰고 매우며 성질은 차다.
간의 열로 인하여 눈이 충혈 되고 아프며 눈물이 나는 증상에 쓰며 결핵성
임파선염에 쓴다.

味 苦 辛, 性 寒. 淸肝火, 散鬱結, 降血壓

▶용법
물 1.5L에 하수오 덩이뿌리
10~30g을 넣고 달인 물을 하루
중 여러 번 나누어 복용한다.

하수오 꽃

366
🌿하수오(何首烏)
하수오의 덩이뿌리

맛은 쓰고 달며 성질은 조금 따뜻하다.
머리카락이 희어지고 허리가 아프며 힘이 없고 다리가 약해지는 증상에 쓴다.
장의 운동운동을 원활하게 하여 변비에 쓴다.

味 苦 甘, 性 微溫. 益精血, 補肝腎, 潤腸通便, 强筋骨

▶용법
물 1.5L에 금낭화 뿌리 10~20g
을 넣고 달인 물을 하루 중 여러
번 나누어 복용한다.

367
하포목단(荷包牧丹)
금낭화의 뿌리

금낭화 꽃

맛은 맵고 성질은 따뜻하다.
타박상과 어혈통에 뿌리를 즙내어 술에 타서 복용하며 외용으로 상처에
붙이는 데 쓴다.

味 辛, 性 溫. 散血, 消瘡毒

▶용법
물 1.5L에 담배풀 씨 5~10g을
넣고 달인 물을 하루 중 여러
번 나누어 복용한다.
♣독이 조금있으므로 용량에
  주의해야 한다.

368
🥄학슬(鶴虱)
담배풀의 씨

담배풀 꽃

맛은 쓰고 맵다. 성질은 미지근하고 독이 조금 있다.
구충작용이 있어 기생충으로 인한 복통, 어지럼증에 쓴다.

味 苦 辛. 性 平・有小毒. 殺蟲, 消腫, 理氣, 化痰

▶용법
물 1.5L에 한련초 지상부
10~15g을 넣고 달인 물을 하루
중 여러 번 나누어 복용한다.

369
🖐️한련초(旱蓮草)
한련초의 지상부

한련초 꽃

맛은 달고 시며 성질은 차다.
간과 신장의 기능을 도와 어지럽고 허리가 아프며 다리에 힘이 없을 때 쓴다.
각종 출혈(토혈, 코피, 하혈, 자궁출혈, 치질출혈)에 쓴다.
味 甘 酸, 性 寒. 滋陰益腎, 凉血止血

▶용법
물 1.5L에 한련화 전초
10~20g을 넣고 달인 물을 하루
중 여러 번 나누어 복용한다.

370
한련화(旱蓮花)
한련화의 전초

한련화 꽃

맛은 맵고 성질은 서늘하다.
눈이 아프고 충혈된 데 쓴다.
종기, 종창에 한련화를 짓찧어 환부에 붙인다.
味 辛, 性 凉. 淸熱解毒, 凉血止血, 目赤腫痛

▶용법
물 1.5L에 속단 뿌리
10~15g을 넣고 달인 물을 하루
중 여러 번 나누어 복용한다.

속단 꽃

371
🗇**한속단**(韓續斷)

속단의 뿌리

맛은 쓰고 성질은 따뜻하다.
허리와 무릎, 다리통증과 타박상, 골절상 등에 쓴다.

味 苦, 性 溫. 補肝腎, 强筋骨, 安胎

▶용법
물 1.5L에 참골무꽃, 골무꽃
지상부 15g을 넣고 달인 물을
하루 중 여러 번 나누어 복용
한다.

참골무꽃 꽃

372
한신초(韓信草)

참골무꽃, 골무꽃의 지상부

맛은 맵고 쓰며 성질은 미지근하다.
지혈 작용이 있어 토혈, 각혈에 쓰며 독을 푸는 데 쓴다.
어혈통과 근육통에 쓴다.

味 辛 苦, 性 平. 祛風活血, 解毒, 止血, 壯筋骨

199

▶용법
물 1.5L에 더위지기 지상부
10~15g을 넣고 달인 물을 하루
중 여러 번 나누어 복용한다.

더위지기 꽃

373
🔖**한인진**(韓茵蔯)
더위지기의 지상부
맛은 쓰고 성질은 미지근하다.
담즙 분비를 촉진시키고 지방간을 개선하는 등 간보호에 쓴다.
황달에 쓴다.
味 苦, 性 平. 淸熱利濕, 退黃疸

▶용법
물 1.5L에 자귀나무 껍질
10~15g을 넣고 달인 물을 하루
중 여러 번 나누어 복용한다.

자귀나무 꽃

374
🔖**합환피**(合歡皮)
자귀나무의 껍질
맛은 달고 성질은 미지근하다.
우울증을 풀어주고 정신을 안정시킨다.
타박상과 골절에 쓴다.
味 甘, 性 平. 安神解鬱, 活血消腫

200

▶용법
물 1.5L에 실고사리 포자
4~10g을 넣고 달인 물을 하루
중 여러 번 나누어 복용한다.

실고사리 전초

375
☞해금사(海金沙)
실고사리의 포자
맛은 달고 담백하며 성질은 차다.
이뇨작용이 있어 요로감염, 요로결석, 부종, 배뇨장애 등에 쓴다.
味 甘 淡, 性 寒. 利水通淋, 尿路結石, 小便短赤

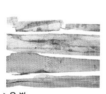

▶용법
물 1.5L에 엄나무 껍질
10~15g을 넣고 달인 물을 하루
중 여러 번 나누어 복용한다.

엄(음)나무 잎

376
☞해동피(海桐皮)
엄(음)나무의 껍질
맛은 쓰고 성질은 미지근하다.
관절염, 요통, 신경통과 타박상에 쓴다.
혈액순환을 잘 되게 하는 데 쓴다.
味 苦, 性 平. 祛風濕, 活血消腫

▶용 법
물 1.5L에 갯방풍 뿌리
5~15g을 넣고 달인 물을 하루
중 여러 번 나누어 복용한다.

갯방풍 꽃

377
해방풍(海防風)

갯방풍의 뿌리

맛은 맵고 달며 성질은 조금 따뜻하다.

해열작용이 있어 사지경련, 사지관절통과 굴신이 잘되지 않는 데 쓴다.

감기로 인한 여러 가지 증상에 쓴다.

味 辛 甘, 性 微溫. 祛風解表, 除濕止痛

▶용 법
물 1.5L에 산달래(돌달래)
비늘줄기 5~10g을 넣고 달인
물을 하루 중 여러 번 나누어
복용한다.

산달래(돌달래) 전초

378
해백(薤白)

산달래(돌달래)의 비늘줄기

맛은 맵고 성질은 따뜻하다.

가슴에 통증이 심한 증상, 협심증, 심통, 흉통 등에 쓰며 소화불량에 쓴다.

味 辛, 性 溫. 行氣, 溫中, 祛痰

▶용법
물 1.5L에 잣나무 견과속의 씨 10~15g을 넣고 달인 물을 하루 중 여러 번 나누어 복용한다.

잣나무 열매

379
해송자(海松子)
잣나무의 견과속의 씨
맛은 달고 성질은 따뜻하다.
사지가 차고 마비되는 증상에 쓰며 마른기침과 노인성 변비에 쓴다.
味 甘, 性 溫. 養陰, 熄風 潤肺潤腸

▶용법
물 1.5L에 살구나무 견과속의 씨 5~10g을 넣고 달인 물을 하루 중 여러 번 나누어 복용한다.
♣독이 조금있으므로 용량에 주의해야 한다.

살구나무 열매

380
행인(杏仁)
살구나무의 견과속의 씨
맛은 쓰다. 성질은 조금 따뜻하며 독이 조금 있다.
해수와 천식, 가래가 많을 때 쓰며 진액이 부족해서 생긴 변비에 쓴다.
味 苦, 性 微溫 · 有小毒. 止咳嗽, 潤腸通便

▶용법
물 1.5L에 향부자 뿌리줄기
5~15g을 넣고 달인 물을 하루
중 여러 번 나누어 복용한다.

향부자 꽃

381
🖐️**향부자(香附子)**
향부자의 뿌리줄기
맛은 맵고 조금 쓰며 성질은 따뜻하다.
신경을 많이 써서 오는 정신질환인 우울증, 두통, 어지러움 등에 쓴다.
부인의 자궁출혈, 생리불순에 쓴다.
味 辛 微苦, 性 溫. 疏肝理氣, 調經止痛

▶용법
물 1.5L에 향유 전초
10~15g을 넣고 달인 물을 하루
중 여러 번 나누어 복용한다.

향유 꽃

382
🖐️**향유(香薷)**
향유의 전초
맛은 맵고 성질은 조금 따뜻하다.
여름철 감기로 인해 열이 나고 머리가 아프며 땀이 나지 않는 증상에 쓴다.
복통 및 설사에도 쓴다.
味 辛, 性 微溫. 發汗解表, 注夏病, 利水消腫

▶용법
물 1.5L에 해바라기 씨
20~30g을 넣고 달인 물을 하루
중 여러 번 나누어 복용한다.

해바라기 꽃

383
향일규자(向日葵子)
해바라기의 씨

맛은 달고 성질은 따뜻하다.

만성콜레스테롤과 고지혈증 예방작용이 있어 식용으로 이용된다.

종기와 부기를 빼기 위하여 짓찧어 환부에 붙인다.

味 甘, 性 溫. 散瘀血, 透癰膿

▶용법
물 1.5L에 현삼 뿌리
5~15g을 넣고 달인 물을 하루
중 여러 번 나누어 복용한다.

현삼 전초

384
현삼(玄蔘)
현삼의 뿌리

맛은 쓰고 달며 성질은 차다.

열이 나고 기침하는 데 쓰며 피부발진과 인후염, 편도선염 등에 쓴다.

味 苦 甘, 性 寒. 淸熱養陰, 散結解毒

▶용법
물 1.5L에 이질풀 지상부
10~15g을 넣고 달인 물을 하루
중 여러 번 나누어 복용한다.

이질풀 꽃

385
현초(玄草)
이질풀의 지상부

맛은 맵고 쓰며 성질은 미지근하다.
급성 · 만성 이질을 낫게 하고 설사를 자주 하며 배가 아픈 데 쓴다.
味 辛 苦, 性 平. 祛風除濕, 止瀉, 收斂

▶용법
물 1.5L에 현호색 뿌리
5~10g을 넣고 달인 물을 하루
중 여러 번 나누어 복용한다.

현호색 꽃

386
현호색(玄胡索)
현호색의 뿌리

맛은 맵고 쓰며 성질은 따뜻하다.
혈액순환을 원활하게 하여 생리통을 낫게 하며 타박상으로 인해 피가 뭉친 데
쓴다.
味 辛 苦, 性 溫. 活血, 行氣, 止痛, 跌打損傷

▶용법
물 1.5L에 형개 지상부
10~15g을 넣고 달인 물을 하루
중 여러 번 나누어 복용한다.

387
🌿형개(荊芥)
형개의 꽃대

형개 꽃

맛은 맵고 성질은 조금 따뜻하다.
감기로 인한 오한, 열이 나고 머리가 아프며 땀이 나지 않는 증상에 쓴다.
피부가려움증에 쓰며 지혈작용도 있다.
味 辛, 性 微溫. 祛風解表, 止痒, 透疹療瘡, 止血

▶용법
물 1.5L에 호두나무 견과속의
씨 10~30g을 넣고 달인 물을
하루 중 여러 번 나누어 복용
한다.

388
🌿호도(胡桃)
호두나무의 견과속의 씨

호두나무 열매

맛은 달고 성질은 따뜻하다.
신장기능의 저하로 뼈가 약화되어 나타나는 요통에 쓰며 해수와 천식에도 쓴다.
노인성 변비에 쓴다.
味 甘, 性 溫. 補骨益精, 溫肺定喘, 潤腸通便

▶용법
물 1.5L에 고수 씨 5~10g을
넣고 달인 물을 하루 중 여러
번 나누어 복용한다.
고수 전초는 방향성(芳香性)이
많아 나물로 먹는다.

고수 꽃

389
☞호유자(胡荽子)
고수의 씨

맛은 맵고 짜며 성질은 미지근하다.
홍역 초기에 발진이 생기지 않고 열은 나지만 땀이 나지 않을 때 쓴다.
방향성 건위제로 식욕감퇴에 쓰며 치질 및 설사에도 쓴다.

味 辛 鹹, 性 平. 痘疹透發不暢, 飮食乏味, 痢疾

▶용법
물 1.5L에 바위취 전초
5~10g을 넣고 달인 물을 하루
중 여러 번 나누어 복용한다.
♣독이 조금있으므로 용량에
주의해야 한다.

바위취 전초

390
☞호이초(虎耳草)
바위취의 전초

맛은 맵다. 성질은 서늘하며 독이 조금있다.
토혈, 자궁출혈 등에 지혈제로 쓴다.

味 辛. 性 凉 · 有小毒. 祛風, 淸熱解毒, 凉血, 解毒

▶용법
물 1.5L에 호장근 뿌리
10~20g을 넣고 달인 물을 하루
중 여러 번 나누어 복용한다.

호장근 꽃

391
🐚호장근(虎杖根)
호장근의 뿌리
맛은 쓰고 성질은 차다.
혈액순환을 원활하게 하여 피가 뭉친 것을 제거하고 생리통, 생리불순에 쓴다.
열을 내리고 변비를 없애준다.
味 苦, 性 寒. 活血通經, 淸熱利濕, 解毒, 通絡止痛

▶용법
물 1.5L에 털여뀌 전초
5~10g을 넣고 달인 물을 하루
중 여러 번 나누어 복용한다.

털여뀌 꽃

392
홍초(葒草)
털여뀌의 전초
맛은 맵고 성질은 서늘하다.
바람의 기운과 습한 기운으로 인한 관절염과 다리가 붓는 증상에 쓴다.
味 辛, 性 涼. 祛風除濕, 除惡瘡腫, 脚氣

209

▶용법
물 1.5L에 물레나물 전초
10~20g을 넣고 달인 물을 하루
중 여러 번 나누어 복용한다.

물레나물 꽃

393
홍한련(紅旱蓮)
물레나물의 전초
맛은 조금 쓰고 성질은 차다.
간 기능 장애로 인한 두통과 고혈압에 쓴다.
토혈, 각혈, 자궁출혈 등에 지혈제로 쓰인다.
味 微苦, 性 寒. 平肝, 止血, 消腫

▶용법
물 1.5L에 잇꽃 꽃잎 5~10g을
넣고 달인 물을 하루 중 여러
번 나누어 복용한다.

잇꽃

394
홍화(紅花)
잇꽃의 꽃잎
맛은 맵고 성질은 따뜻하다.
부인의 생리통, 생리불순, 산후어혈통과 타박상으로 인한 어혈통에 쓴다.
골절상에 홍화씨 기름이나 볶은 가루를 복용한다.
味 辛, 性 溫. 活血祛瘀, 通經止痛

▶용법
물 1.5L에 자작나무 껍질 10g을 넣고 달인 물을 하루 중 여러 번 나누어 복용한다.

395
화피(樺皮)
자작나무의 껍질
맛은 쓰고 성질은 차다.
해수와 천식에 쓰며 피부병에 외용한다.
味 苦, 性 寒. 淸肺熱, 皮膚炎

자작나무 꽃

▶용법
물 1.5L에 황금 뿌리 5~10g을 넣고 달인 물을 하루 중 여러 번 나누어 복용한다.

396
황금(黃芩)
황금의 뿌리

황금 꽃

맛은 쓰고 성질은 차다.
습한 기운과 열 기운이 원인이 되어 열이 오르고 땀이 나며 가슴이 답답하고
혀에 태가 끼는 증상을 낫게 한다. 태아를 안정시키는 데 쓴다.
味 苦, 性 寒. 淸熱燥濕, 瀉火解毒, 安胎

211

▶용법
물 1.5L에 황기 뿌리
5~20g을 넣고 달인 물을 하루
중 여러 번 나누어 복용한다.

황기 꽃

397
🌿황기(黃芪)
황기의 뿌리

맛은 달고 성질은 조금 따뜻하다.
상승작용이 있어 위하수, 탈항, 기운하강 등에 쓴다.
신체 허약으로 식은땀을 흘리는 데에도 쓴다.
味 甘, 性 微溫. 補氣升陽, 益衛固表, 虛汗

▶용법
물 1.5L에 생강나무 어린가지
5~10g을 넣고 달인 물을 하루
중 여러 번 나누어 복용한다.

생강나무 꽃

398
🌿황매목(黃梅木)
생강나무의 어린가지

맛은 맵고 성질은 따뜻하다.
산후 몸이 붓고 팔다리가 아픈 증상과 타박상에 쓴다.
味 辛, 性 溫. 活血舒筋, 散瘀消腫

▶용법
물 1.5L에 황벽나무 껍질
10~15g을 넣고 달인 물을 하루
중 여러 번 나누어 복용한다.

황벽나무 꽃

399
황백(黃柏)
황벽나무의 껍질
맛은 쓰고 성질은 차다.
습하고 열한 기운으로 인한 황달, 이질, 부인의 자궁에서 분비물이 나오는 증상
등에 쓴다. 다리와 무릎이 붓고 아프며 무겁고 마비 될 때에도 쓴다.
味 苦, 性 寒. 淸熱燥濕, 瀉火解毒

▶용법
물 1.5L에 헐떡이풀 전초
10~20g을 넣고 달인 물을 하루
중 여러 번 나누어 복용한다.

헐떡이풀 꽃

400
황수지(黃水枝)
헐떡이풀의 전초
맛은 쓰고 성질은 차다.
혈액순환을 촉진시켜 어혈(瘀血)을 풀어주며 해수, 천식(기관지염, 비염 등)에
쓴다.
味 苦, 性 寒. 活血祛瘀, 氣喘, 治跌打損傷

▶용 법
물 1.5L에 층층갈고리둥굴레
뿌리줄기 10~20g을 넣고 달인
물을 하루 중 여러 번 나누어
복용한다.

층층갈고리둥굴레 전초

401
🌿**황정**(黃精)
층층갈고리둥굴레의 뿌리줄기

맛은 달고 성질은 미지근하다.
기침이 낫지 않고 기운이 없는 데 쓴다. 허리와 다리가 약해지고 어지러우며
귀에 소리가 나는 증상과 흰머리가 일찍 나는 데 쓴다.
味 甘, 性 平. 滋陰潤肺, 補脾益氣

▶용 법
물 1.5L에 닥풀 뿌리 10g을
넣고 달인 물을 하루 중 여러
번 나누어 복용한다.

닥풀 꽃

402
🌿**황촉규근**(黃蜀葵根)
닥풀의 뿌리

맛은 달고 쓰며 성질은 차다.
유즙분비 부족에 쓰며 볼거리에도 쓴다.
임질(淋疾)과 소변을 잘 못보는 데 쓴다.
味 甘 苦, 性 寒. 利水散瘀, 消腫, 解毒

▶용법
물 1.5L에 원추리 뿌리줄기
5~15g을 넣고 달인 물을 하루
중 여러 번 나누어 복용한다.

원추리 꽃

403
🥄훤초근(萱草根)
원추리의 뿌리줄기

맛은 달고 성질은 서늘하다.
전신이 붓고 소변이 잘 나오지 않는 데 쓴다.
코피, 장출혈, 자궁출혈 등에 지혈제로 쓴다.
味 甘, 性 凉. 養血, 平肝, 利尿消腫, 明目

▶용법
물 1.5L에 검정콩 씨
10~30g을 넣고 달인 물을 하루
중 여러 번 나누어 복용한다.

검정콩 씨

404
🥄흑두(黑豆)
검정콩의 씨

맛은 달고 성질은 미지근하다.
모든 독극물에 해독작용이 강하다.
사지마비, 근육경련, 산후부종에 쓴다.
味 甘, 性 平. 活血, 利水, 祛風, 解毒

215

▶용법
물 1.5L에 검은참깨 씨
10~30g을 넣고 달인 물을 하루
중 여러 번 나누어 복용한다.

검은참깨 꽃

405
흑지마(黑芝麻)
검은참깨의 씨
맛은 달고 성질은 미지근하다.
간과 신장이 약하여 머리카락이 일찍 희어지고 어지러우면서 눈앞에 꽃이나
별 같은 것이 헛보이는 증상에 쓴다. 노인성 변비에 쓴다.
味 甘, 性 平. 補中精血, 潤燥滑腸, 滋養肝腎

▶용법
물 1.5L에 나팔꽃 씨 3~10g을
넣고 달인 물을 하루 중 여러
번 나누어 복용한다.
♣독이 있으므로 용량에
주의해야 한다.

나팔꽃

406
흑축(黑丑)
나팔꽃의 씨
맛은 쓰고 맵다. 성질은 차고 독이 있다.
설사와 이뇨작용이 있어 몸이 붓거나 복수가 찼을 때 쓴다.
해수와 천식, 변비에 쓰기도 한다. 견우자(牽牛子)라고도 한다.
味 苦 辛. 性 寒 · 有毒. 瀉下, 利尿, 瀉肺氣 消煩通便

216

▶용법
물 1.5L에 진득찰 지상부
10~15g을 넣고 달인 물을 하루
중 여러 번 나누어 복용한다.

진득찰 꽃

407
희렴(豨薟)
진득찰의 지상부

맛은 쓰고 성질은 차다.

바람의 기운과 습한 기운을 다스리며 관절염, 사지동통마비에 쓴다.

중풍으로 인한 반신불수와 고혈압에도 쓴다.

味 苦, 性 寒. 祛風濕, 通經絡, 强筋骨

▶용법
물 1.5L에 쥐오줌풀 뿌리
10g을 넣고 달인 물을 하루 중
여러 번 나누어 복용한다.

쥐오줌풀 전초

408
힐초근(纈草根)
쥐오줌풀의 뿌리

맛은 맵고 쓰며 성질은 따뜻하다.

정신불안증 및 신경쇠약 등에 쓴다. 생리불순, 관절염, 타박상에 효과가 있다.

길초근(吉草根)이라고도 한다.

味 辛 苦, 性 溫. 心神不安, 胃弱, 腰痛

참고문헌

김용원 외 5,《實務用 原色植物圖鑑(전 2권)》, 동아문화사, 2005.

김재길,《原色天然藥物大事典(上, 下)》, 남산당, 1989.

김창민,《中藥大辭典》, 도서출판 정담, 1998.

배기환,《한국의 약용식물》, 교학사, 2000.

식품의약품안전처,《원색한약재감별도감》, 호미출판사, 2009.

신전휘 · 신용욱,《향약집성방의 향약본초》, 계명대학교출판부, 2006.

신전휘 · 신용욱,《우리 약초 바르게 알기》, 계명대학교출판부, 2007.

신용욱 · 신전휘,《약초 꽃의 세계-약이 되는 풀꽃 100가지❶》, 도서출판 백초,
    2009.

안덕균,《원색 韓國本草圖鑑》, 교학사, 1998.

이영로,《原色韓國植物圖鑑》, 교학사, 2006.

이창복,《大韓植物圖鑑》, 향문사, 1980.

한대석 외 3,《生藥比較硏究》, 한국의약품수출입협회, 1996.

한대석,《동의보감에 수재된 생약의 기원에 관한 연구》, 한국과학재단, 1997.

江蘇新醫學院,《中藥大辭典(上, 下)》, 上海科學技術出版社, 1977.

邱德文 外 2,《本草綱目彩色藥圖》, 貴州科技出版社, 1998.

國家中醫藥管理局,《中華本草(전 10권)》, 上海科學技術出版社, 1999.

沈連生,《本草綱目彩色圖譜》, 華夏出版, 1998.

李時珍,《本草綱目(上, 下)》, 文光圖書有限公司, 1979.

鄭漢臣,《中國食用本草》, 上海辭書出版社, 2003.

許浚,《東醫寶鑑》, 英祖 29年(1753) 嶺營版.

黃道淵,《方藥合編》, 高宗 21年(1884).

식물명 찾아보기

(굵은체는 쪽번호, 가는체는 한약명번호)

칡 꽃

우리 약초 시리즈 ❷
우리약초꽃 408

펴낸날| 초판 2010년 4월 17일
6판 2019년 11월 20일

지은이| 신용옥 · 신전휘
펴낸이| 신전휘
펴낸곳| 도서출판 百艸
등록| 2009.11.11 (제25100-2009-29호)
주소| (우편번호41934) 대구광역시 중구 달구벌대로 415길 38 (장관동)
전화| (053) 252-5505
팩스| (053) 254-5595
홈페이지| www.bcde.co.kr

잘못 된 책은 바꾸어드립니다.
값은 뒷 표지에 있습니다.

ISBN | 978-89-963637-1-2 93480

408 Medical Herb Flowers in Korea
Shin. Y. W · Shin. J. H
Publisher, Backcho 2010